U0338098

国家重点研发计划(2017YFC0804408)
国家自然科学基金项目(71173216)
"十三五"国家重点图书出版规划项目

基于物联网的煤矿安全监管体系
与配套政策研究

宋学锋　　张明慧　　李贤功　　孟现飞
　　　　　　　　　　　　　　　　　　　　　　　著
贺　　超　　冯春花　　王桂强

中国矿业大学出版社
·徐州·

图书在版编目(CIP)数据

基于物联网的煤矿安全监管体系与配套政策研究/
宋学锋等著. 一徐州:中国矿业大学出版社,2020.12
ISBN 978 - 7 - 5646 - 3425 - 4

Ⅰ.①基… Ⅱ.①宋… Ⅲ.①互联网络一应用一煤矿
一矿山安全一安全管理一研究一中国②智能技术一应用一
煤矿一矿山安全一安全管理一研究一中国 Ⅳ.
①TD7一39

中国版本图书馆 CIP 数据核字(2020)第 005181 号

书 名	基于物联网的煤矿安全监管体系与配套政策研究
著 者	宋学锋 张明慧 李贤功 孟现飞 贺 超 冯春花 王桂强
责任编辑	史凤萍 侯 明
出版发行	中国矿业大学出版社有限责任公司
	(江苏省徐州市解放南路 邮编 221008)
营销热线	(0516)83885105 83884103
出版服务	(0516)83995789 83884920
网 址	http://www.cumtp.com E-mail:cumtpvip@cumtp.com
印 刷	江苏凤凰数码印务有限公司
开 本	710 mm×1000 mm 1/16 印张 15.25 字数 282 千字
版次印次	2020 年 12 月第 1 版 2020 年 12 月第 1 次印刷
定 价	48.00 元

(图书出现印装质量问题,本社负责调换)

前　言

我国是煤炭生产与消费世界第一大国。随着技术和管理水平的提高，煤矿安全生产形势有了很大的改观，但是安全生产事故仍然时有发生。煤矿安全生产问题始终是政府安全生产监管监察部门和煤矿企业极度重视的问题。具有智能化识别、定位、跟踪等特点的物联网技术的发展，为解决煤矿安全问题提供了技术保障，为解决我国因煤矿数量众多带来的监管力量分散不足、煤矿企业安全信息不规范、标准化程度低、共享度低、隐患发现及治理不及时等问题提供了技术支撑。因此，针对我国煤矿安全监管中的问题，结合物联网技术特点，构建基于物联网的煤矿安全生产监管体系，以实现安全基础信息准确、可靠、及时收集与传递，解决生产过程中安全信息不畅、监管不力和应急处理中相关信息缺失等问题，进而保障煤矿安全生产，具有重要的理论及现实意义。

本书是在著者承担的国家重点研发计划"矿山安全生产物联网关键技术与装备研发"的课题"矿山安全态势分析预测预警系统"和国家自然科学基金项目"基于物联网的煤矿安全监管体系与配套政策研究"研究成果的基础上完成的。本书首先对我国煤矿安全监管现状进行了系统分析，并进一步基于我国煤矿安全监管面临的机遇与挑战，提出了物联网环境下我国煤矿安全监管体系的框架。然后，对煤矿安全监管的相关概念及其关系进行了辨析，对主要的煤矿安全事故致因理论进行了梳理和分析，对煤矿安全监管技术的发展及其对煤矿安全监管的作用和影响进行了分析。在此基础上，设计了基于物联网的垂直独立的煤矿安全监管组织结构和"信息共享，层层监管，各司其职"的监管运行机制，构建了物联网环境下煤矿企业安全管控指标体系、地方安全监管指标体系、国家安全监察指标体系，研发了基于物联网的煤矿安全监管云系统（CCIT），开发了煤矿安全态势预测预警系统。最后，从理顺煤矿安全监管体制机制，完善煤矿安全监管法律法规体系，健全煤矿安全监管制度等方面提出相应的保障基于物联网的煤矿安全监管体系有效运行的政策建议。

相关课题研究得到山西霍尔辛赫煤业有限公司、永城煤电集团有限责任公司、宁夏煤业集团有限责任公司、河南煤矿安全监察局、安徽煤矿安全监察局等相关单位和人员的大力支持和帮助。本书的出版得到了国家重点研发计划、国家自然科学基金项目的资助，同时被列入"十三五"国家重点图书出版规划项目。

本书的编写分工如下：宋学锋负责确定了本书主题、框架和内容，以及各章节撰写的分工和学术指导，带领各章作者对每一章节进行了讨论和审定，并负责统稿。各章写作分工如下：第一章由李贤功撰写，第二章由张明慧撰写，第三章由冯春花撰写，第四章由王桂强和贺超撰写，第五章由孟现飞撰写，第六章由贺超撰写，第七章由张明慧和冯春花撰写。

限于知识和水平，书中难免存在不足之处，敬请广大读者予以批评指正。

著 者

2020 年 9 月

目　　录

1 绪 论

1.1 我国煤矿安全生产与监管现状

1.1.1 我国煤矿安全生产现状

中国是世界上煤炭生产与消费的第一大国,同时也是世界上拥有煤矿数量最多,生产条件最复杂,事故发生频率最高,伤亡损失最为严重的国家。我国煤矿百万吨死亡率一直以来远远高于其他主要产煤国。目前,煤炭行业依然是最危险的行业之一。近年来,随着国家和企业安全投入的加强、监管水平的提升与小煤矿的关闭(2019年全国煤矿数量约5 000处,比2005年减少2万多处),我国煤炭行业实现了重特大事故基本消失、事故起数和伤亡人数大幅下降的目标,煤矿安全形势取得了巨大进步。2019年全国煤矿发生死亡事故170起、死亡316人,同比分别下降24.1%和5.1%;百万吨死亡率0.083,同比下降10.8%。各项安全生产指标均出现较明显改善。煤矿安全生产形势取得了"一增四降"的成就,即在煤炭产量净增长1.8倍的情况下,事故死亡人数、重大事故、特别重大事故、百万吨死亡率四项指标的同比降幅均在95%以上。

尽管近年来煤矿安全工作成效明显,但煤矿总体面临的安全形势依然严峻,保持安全生产稳定向好转变以及防止事故反弹的任务仍然艰巨。目前,在我国部分煤矿企业中,仍然存在蓄意违法违规行为屡禁不止、安全风险意识不强、"一通三防"工作薄弱、落后产能淘汰退出不坚决等问题,煤矿安全监管监察执法"宽、松、软"等问题亟待解决。近年来煤矿事故的一个突出新特点是,除了生产条件差、技术落后的私有小煤矿,生产条件较好、装备精良、管理标准化程度较高的国有重点煤矿及地方大型煤矿也陆续出现较大事故。

不论从煤矿安全的现状还是从我国煤矿安监部门的工作任务来讲,研究煤矿安全监管问题,优化煤矿安全监管的体系和机制,创新煤矿安全监管的手段,提高煤矿安全监管的效率和效果,都是一个迫切需要解决的问题。

与世界主要产煤大国相比,我国煤矿在事故总量、隐患数量以及百万吨死亡率方面依然偏高。煤矿安全生产依然面临着较大的风险。我国煤炭行业还没完全实现向安全、高效、绿色、智能开采的转变。

当前我国煤矿的安全生产,依然要坚持安全发展,强化风险意识,提升应急救援水平。要坚持系统治理,健全煤矿安全生产责任体系,完善"国家监察、地方监管、企业负责"的工作格局。要坚持源头治理,推进重大灾害超前治理,推进落后产能淘汰退出,严格安全准入和产能核增,健全风险隐患双重预防机制,完善安全预防控制体系。要坚持依法治理,健全煤矿安全法治体系,在法规标准宣贯上、在打非治违上、在远程监管监察上、在汲取事故教训上下功夫。要坚持"管理、装备、素质、系统"四并重,推进安全生产标准化纵深发展,推进智能化建设全面铺开,推进安全技能持续提升,不断夯实煤矿安全生产基础。

总的来说,我国近年来煤矿安全生产取得的成效是显著的,煤矿安全生产形势得到了显著的改善,煤矿安全生产的问题和监管的重点也发生了显著的变化。然而,我国煤矿安全生产监管依然存在不及时、不准确、瞒报、监管成本高、责任推诿等问题。通过建立科学合理的煤矿安全生产体系,进一步提高我国煤矿的安全监管水平进而提高煤矿安全生产水平无疑是相当必要的。

1.1.2 我国煤矿安全监管的演变

(1) 我国煤矿安全监管的起步阶段

我国是个富煤、贫油、少气的国家,煤炭在国家能源供应中发挥着基础和主体作用。新中国成立以后,随着工业化推进对能源需求的增加,煤炭需求量快速增加,但多数煤矿生产条件落后,安全管理水平低导致安全事故频发。在此情况下,我国煤矿安全监察体制应运而生。1949 年 11 月,第一次全国煤矿工作会议提出"安全第一"的方针并逐步建立煤矿安全管理体系。1952 年年底,煤矿安全管理体系初具规模。1953 年,中央人民政府燃料工业部增设技术安监局,初步形成了"行业管理、工会监督、劳动部门检查"的煤矿安全工作体系。1955 年,煤炭工业部成立,下设安全司负责全国煤矿安全监管工作。到 1955 年末,全国 10 个产煤区和 27 个矿区都成立了煤矿安全监管机构,我国煤矿安全监管体制初步形成,煤矿安全形势也开始好转,1957 年全国煤矿百万吨死亡率减为5 年前的一半。在"大跃进"时期,一些煤矿安全监察、监管机构几度被撤销和恢复。1970 年 12 月,中共中央发出《关于加强安全生产的通知》,一些矿务局与煤矿相继恢复了安全监管机构。

（2）我国煤矿安全监管的发展阶段

党的十一届三中全会以后,我国煤炭行业与煤矿安全监管体制开始逐步恢复。1980 年,煤炭工业部发出了《建立健全安全监察机构,强化安全监察工作》的一号指令。1982 年,国务院颁布了《矿山安全条例》和《矿山安全监察条例》。1983 年,煤炭工业部又颁布了《煤矿安全监察条例》,具体规定了煤矿安全监管的组织机构、职权范围等基本制度。在这些法规的指引下,我国煤矿安全监管体制逐步恢复。1987 年党的十三大以后,国家正式提出了"企业负责、国家监察、行业管理、群众监督"的安全工作格局。1995 年,煤炭工业部根据《中华人民共和国矿山安全法》和《煤矿安全规程》的有关规定,将《煤矿安全监察条例》修订为《煤炭工业安全监察暂行规定》,由煤炭工业部主要负责全国煤矿的安全监察与管理工作。1998 年,煤矿安全监管工作转划归国家经济与贸易委员会(简称国家经贸委)下新成立的安全生产局负责,该局同时接受了原劳动部承担的安全生产综合监管职能。原劳动部承担的职业卫生监管则移交至卫生部承担。在这种体制下,煤矿安全与煤矿职业卫生是分别监管的,统一由国家经贸委下的"安全生产局"负责,煤炭行业独立监管的特殊性与重要性并没有得到充分的重视,安全监管效果改善并不明显,重大安全事故频发,安全形势依然严峻。

（3）我国煤矿安全监管的完善阶段

为了进一步建立垂直管理的国家煤矿安全监察体制,提升安全监管效果,2000 年,国家改革成立了国家煤矿安全监察局,与国家煤炭工业局一个机构、两块牌子。原国家经贸委下安全生产局负责的煤矿安全监管职能移归新成立的国家煤矿安全监察局承担,由此形成了独立垂直管理、分级监察的煤矿安全监察体系。2001 年,国务院将国家煤矿安全监察局整体职能与国家安全生产监督管理局合并,统称国家安全生产监督管理局(国家煤矿安全监察局),综合管理全国安全生产和煤矿安全监察,由国家经贸委负责管理。2003 年,国务院机构改革,国家经贸委被撤销,国家安全生产监督管理局(国家煤矿安全监察局)被调整为副部级直属机构。2005 年,国家安全生产监督管理局升格为正部级的总局;单设副部级的国家煤矿安全监察局,是国家安全生产监督管理总局管理的行使国家煤矿安全监察职能的行政机构。经过一系列改革,我国煤矿安全监管形成了"国家监察、地方监管、企业负责"的基本格局,为我国煤炭安全生产提供了重要的机构保障和政府监管支持。2000 年以来我国煤矿事故死亡人数和百万吨死亡率逐年下降,如图 1-1 所示。

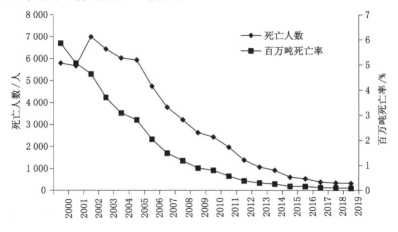

图 1-1　2000 年以来我国煤矿事故死亡人数和百万吨死亡率

2014 年 12 月 1 日起,修改后的《中华人民共和国安全生产法》开始实施,进一步明确了我国的煤矿安全监管体制。我国煤矿安全监管职能主要由国家煤矿安全监察局所代表的行政体系承担。国家煤矿安全监察局主管全国煤炭行业的垂直监察工作,负责对负有煤矿安全监管职责的地方政府和煤矿企业的守法情况进行监察,并与其他煤矿安全相关政府部门分工合作共同监管。国家安全生产监督管理总局、国家煤矿安全监察局于 2011 年制定、颁发了《煤矿井下安全避险"六大系统"建设完善基本规范(试行)》,推进了煤矿安全生产信息化的进程,并且通过物联网使煤矿生产各系统数据统一管理和共享,建设智能矿山,使煤矿安全监管步入基于物联网的提升阶段。

2018 年 3 月,国务院实施机构改革,将国家安全生产监督管理总局的职业安全健康监督管理职责整合,组建国家卫生健康委员会;将国家安全生产监督管理总局的职责整合(与其他部门整合),组建应急管理部;不再保留国家安全生产监督管理总局。

2018 年 9 月,根据党的十九届三中全会审议通过的《深化党和国家机构改革方案》和第十三届全国人民代表大会第一次会议批准的《国务院机构改革方案》,经报党中央和国务院批准,对国家煤矿安全监察局的职责、机构和编制情况进行调整。国家煤矿安全监察局职业安全健康监督管理职责划入国家卫生健康委员会。原国家安全生产监督管理总局综合监督管理煤矿安全监察职责,划入国家煤矿安全监察局。调整后,国家煤矿安全监察局内设机构、行政编制和领导职数不变。随职责调整,设在地方的煤矿安全监察局 27 个、煤矿安全监察分局 76 个,行政编制 2 770 名,由国家煤矿安全监察局领导管理。

2020 年 10 月 9 日,中共中央办公厅、国务院办公厅关于印发《国家矿山安全监察局职能配置、内设机构和人员编制规定》的通知中指出,国家煤矿安全监察局更名为国家矿山安全监察局,作为副部级机构,仍由应急管理部管理。应急管理部的非煤矿山安全监督管理职责划入国家矿山安全监察局。设在地方的 27 个煤矿安全监察局相应更名为矿山安全监察局,由国家矿山安全监察局领导管理。

随着我国煤矿安全监管体制不断发展完善,煤矿安全监管的手段也在不断变化。早期的监管以现场人工检查为主,随着计算机技术和信息技术的应用,煤矿安全监管也逐步实现了计算机化和远程化。近年来,大数据物联网技术发展作用凸显,应用范围越来越广,不仅能为煤矿安全监管提供丰富的数字化监管内容,而且能实现感知、传输和预测预警控制,煤矿安全监管的手段和方式发生了巨大的改变。

从监管的内容和标准上讲,我国煤矿监管体系的发展也逐步趋于细致和完善。为做到全国煤矿统一标准,原煤炭部在 1964 年就已经提出煤矿质量标准化,1986 年在全国开展实施。国家煤矿安全监察局于 2004 年 2 月对原部颁标准进行修订,下发了《关于印发"煤矿安全质量标准化标准及考核评级办法(试行)"的通知》(煤安监办字〔2004〕24 号)。2009 年 8 月 8 日,国家安全生产监督管理总局、国家煤矿安全监察局对标准再次进行修订,联合颁布《关于印发"煤矿安全质量标准化标准及考核评级办法(试行)"的通知》(安监总煤行〔2009〕150 号)。为了适应煤矿安全形势的变化,该办法逐年更新,提高了对煤矿安全监管的效果。对于煤矿的监管监察从隐患治理逐步提升到风险预控,实现了事故预防的前置管理和过程管理。

1.1.3 我国煤矿安全监管现状

(1) 机构及部门组成

我国安全生产实行国务院领导下的安全生产委员会全面统筹协调安全生产工作机制。安全生产委员会在国务院领导下,负责研究部署、指导协调全国安全生产工作,研究提出全国安全生产工作的重大方针政策,分析全国安全生产形势,研究解决安全生产工作中的重大问题,必要时协调总参谋部和武警总部调集部队参加特大生产安全事故应急救援工作,完成国务院交办的其他安全生产工作。当前我国煤矿安全监管机构设置如图 1-2 所示。

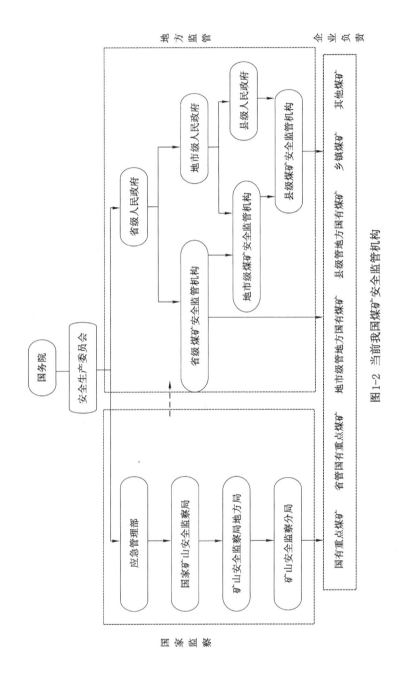

图1-2 当前我国煤矿安全监管机构

① 应急管理部。应急管理部的职责是组织编制国家应急总体预案和规划,指导各地区各部门应对突发事件工作,推动应急预案体系建设和预案演练,建立灾情报告系统并统一发布灾情,统筹应急力量建设和物资储备并在救灾时统一调度,组织灾害救助体系建设,指导安全生产类、自然灾害类应急救援,承担国家应对特别重大灾害指挥部工作,指导火灾、水旱灾害、地质灾害等防治,负责安全生产综合监督管理和工矿商贸行业安全生产监督管理等。

② 国家矿山安全监察局。

国家矿山安全监察局主要职责如下:

——拟订矿山安全生产(含地质勘探,下同)方面的政策、规划、标准,起草相关法律法规草案、部门规章草案并监督实施。

——负责国家矿山安全监察工作。监督检查地方政府矿山安全监管工作。组织实施矿山安全生产抽查检查,对发现的重大事故隐患采取现场处置措施,向地方政府提出改善和加强矿山安全监管工作的意见和建议,督促开展重大隐患整改和复查。

——指导矿山安全监管工作。制定矿山安全准入、监管执法、风险分级管控和事故隐患排查治理等政策措施并监督实施,指导地方矿山安全监督管理部门编制和完善执法计划,提升地方矿山安全监管水平和执法能力。依法对煤矿企业贯彻执行安全生产法律法规情况进行监督检查,对煤矿企业安全生产条件、设备设施安全情况进行监管执法,对发现的违法违规问题实施行政处罚、监督整改落实并承担相应责任。

——负责统筹矿山安全生产监管执法保障体系建设,制定监管监察能力建设规划,完善技术支撑体系,推进监管执法制度化、规范化、信息化。

——参与编制矿山安全生产应急预案,指导和组织协调煤矿事故应急救援工作,参与非煤矿山事故应急救援工作。依法组织或参与煤矿生产安全事故和特别重大非煤矿山生产安全事故调查处理,监督事故查处落实情况。负责统计分析和发布矿山安全生产信息和事故情况。

——负责矿山安全生产宣传教育,组织开展矿山安全科学技术研究及推广应用工作。指导矿山企业安全生产基础工作,会同有关部门指导和监督煤矿生产能力核定工作。对煤矿安全技术改造和瓦斯综合治理与利用项目提出审核意见。

——完成党中央、国务院交办的其他任务。

——职能转变。国家矿山安全监察局要进一步完善"国家监察、地方监管、企业负责"的矿山安全监管监察体制。以防范遏制重特大矿山生产安全事故为重点,坚持安全第一、预防为主、综合治理的方针,加强对地方政府落实矿山安全属地监管责任的监督检查,严密层级治理和行业治理、政府治理、社会治理相结合的安全生产治理体系,着力防范化解区域性、系统性矿山安全风险。推动地方矿山安全监督管理部门强化监管执法,依法严厉查处违法违规行为,督促企业落实安全生产主体责任,推动企业建立健全自我约束、持续改进的内生机制。强化矿山安全监管能力建设,建立健全监管执法人员资格管理制度,加强教育培训,推进安全科技创新,提升信息化建设和应用水平,进一步提高执法队伍能力和素质。将煤矿安全生产许可、建设工程安全设施设计审查和竣工验收核查、检验检测机构认证、相关人员培训等事项移交给地方政府。

——有关职责分工:

与自然资源部门的有关职责分工。自然资源部门负责查处矿山企业越界开采等违法行为。国家矿山安全监察机构发现矿山企业有越界开采等违法行为的,应当移送当地自然资源部门进行处理。

与公安机关的有关职责分工。公安机关负责民用爆炸物品公共安全管理和民用爆炸物品购买、运输、爆破作业的安全监督管理。国家矿山安全监察机构发现矿山企业有民用爆炸物品使用违法行为的,应当移送当地公安机关进行处理。

与能源部门的有关职责分工。能源部门从行业规划、产业政策、法规标准、行政许可等方面加强煤矿安全生产工作,负责指导和组织拟订煤炭行业规范和标准。国家矿山安全监察机构负责指导和组织拟订煤矿安全标准,会同能源等部门指导和监督煤矿生产能力核定工作。

③ 其他煤矿安全监管主体。地方煤炭管理机构,各省级安全生产和应急管理部门隶属于地方政府,大都承担煤矿安全监管职责,但在具体的监管对象与监管权责上各个省、自治区、直辖市并不完全相同。

此外,国家能源局、发展与改革委员会、地方经济与信息委员会、人力资源与社会保障部门、国土资源部门、纪检监察与检察部门、环境保护部门和国资委等部门,也在一定范围内参与煤矿安全监管工作。

(2)我国煤矿安全监管内容

我国煤矿安全监管的内容包括:煤矿安全生产准入管理,煤矿有关资格证的持证情况,煤矿安全生产情况及退出管理。国家矿山安全监察局有关煤矿监察监管内容从其监察职责中可以看出,如图 1-3 所示。

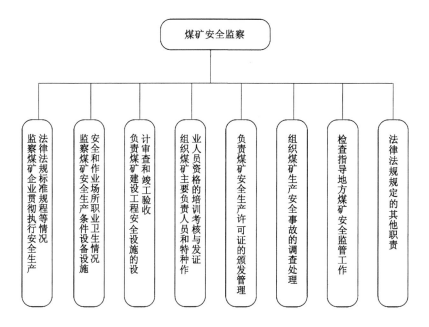

图 1-3　国家矿山安全监察局有关煤矿监察职责

从图 1-3 可以看出,国家矿山安全监察局对煤矿监察监管的具体内容包括:

① 对未申办、被受理或经审核不具备颁证条件的煤矿,依法下达停产整顿指令,通报地方煤矿安全监管部门监督执行,同时由相关部门依法暂扣或收回证照。加强对安全生产许可证的监管工作,对取得许可证后降低安全标准、不符合条件的,及时暂扣或吊销许可证。

② 煤矿作业场所职业卫生情况,煤矿职业危害事故和违法违规行为。

③ 煤矿企业贯彻执行安全生产法律法规情况及安全生产条件、设备设施安全情况。

④ 煤矿重大建设项目核准工作,组织煤矿建设工程安全设施的设计审查和竣工验收,查处不符合安全生产标准的煤矿企业。

⑤ 对煤矿使用的设备、材料、仪器仪表的安全监察工作。

⑥ 煤矿企业排查治理重大事故隐患、安全生产责任制的落实、事故教训的接受和防范事故发生的措施落实情况,以及受水、火、瓦斯等灾害威胁矿井防范措施的制定和落实情况等。

⑦ 矿井开拓布局、生产系统及能力、"一通三防"、防治水、建设项目"三同时"、矿用产品安全标志、安全费用提取与使用、教育培训和职业危害防治等。

⑧ 监督煤矿生产能力核定和煤矿整顿关闭工作,对煤矿安全技术改造和瓦斯综合治理与利用项目提出审核。

地方监管则是指地方各级人民政府及其煤矿安全监管部门(主要指原煤炭工业管理局、工业信息化厅等)对其属地生产煤矿、基本建设煤矿的日常安全监督管理工作,其依法履行煤矿安全地方监管的职责,支持和配合国家矿山安全监察局依法对煤矿企业生产状况进行监察。地方煤矿安全监管是我国煤矿安全监察监管工作的重要组成部分,是地方煤矿安全监管机构的主要职能。地方煤矿安全监管的主要职责如图 1-4 所示。

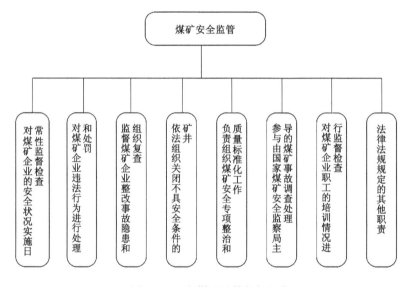

图 1-4　地方煤矿监管部门职责

2018 年 12 月 4 日,《国家煤矿安全监察局关于规范煤矿安全监管执法工作的意见》明确了煤矿安全监管执法工作的主要内容和方式。内容包括重点检查煤矿企业贯彻落实有关煤矿安全生产的法律法规规章和标准情况;履行安全生产主体责任,建立健全并落实安全生产管理制度和安全生产责任制情况;贯彻落实各级政府各有关部门关于煤矿安全生产工作安排部署情况;安全生产费用提取和使用情况;煤矿各生产安全系统重大灾害有效防治、事故隐患及时消除情况等。

意见要求,加强监管执法体系建设,严格监管执法程序,要遵循规范流程,制作检查方案,严格处理处罚,督促企业落实整改,依法移送案件,依法提请强制执行,推进"行刑衔接";要规范监管执法行为,规范权责清单,加强执法分析,规范重大行政处罚,规范执法文书制作,加强执法监督与考核,严格执法公示制度,推行执法全过程记录制度,推行行政执法法制审核及公开裁定制度。

（3）我国煤矿安全监管方式

我国煤矿安全监管采取多级监管的方式,如图 1-5 所示。对煤矿安全监管的方式有现场检查指导、查阅资料等。现场检查指导是深入相关煤矿进行突击检查,对有关工作措施落实和现场安全生产情况、非法违法违规违章行为进行录音、摄影、摄像记录,认真填写检查记录表。对查出的重大隐患和问题,要现场做出处理决定,必要时下达相应的执法文书,依法给予行政处罚。

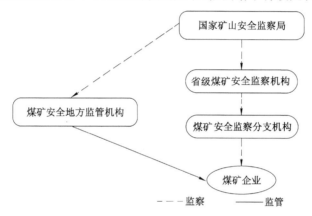

图 1-5　我国煤矿安全监管监察方式

对于监察中发现的问题,由监察人员汇总检查情况,制作现场检查笔录,注明检查路线、资料等;由监察人员集体研究处理意见,根据情况对现场存在的隐患和问题分别做出限期或立即整改的处理决定;需要进行行政处罚的,依法进入行政处罚程序;发现相关证照不符合规定等重大事项的,要及时上报省局。对发现的问题和隐患不属于监察机构职责的,及时移交有关部门。

近年来,针对煤矿安全监管的具体情况,为了提高煤矿安全监管的效果,煤矿安全监督管理部门提出了对于煤矿检查采取不发通知、不打招呼、不听汇报、不用陪同接待、直奔基层、直插现场的"四不两直"监管方式,主要以突击检查、随机抽查、回头看复查等方式进行。特殊情况下,可在不告知具体事宜的情况下,临时通知相关部门陪同。通过创新监管方式,提高了煤矿安全监管的效果。

煤矿企业是生产经营活动的主体,是安全生产工作责任的直接承担主体。

企业安全生产主体责任,是指企业依照法律、法规规定,应当履行的安全生产法定职责和义务。企业承担安全生产主体责任是指企业在生产经营活动全过程中必须在以下方面履行义务,承担责任,接受未尽责的追究。

① 依法建立安全生产管理机构。

② 建立健全安全生产责任制和各项管理制度。

③ 持续具备法律、法规、规章、国家标准和行业标准规定的安全生产条件。

④ 确保资金投入满足安全生产条件需要。

⑤ 依法组织从业人员参加安全生产教育和培训。

⑥ 如实告知从业人员作业场所和工作岗位存在的危险、危害因素、防范措施和事故应急措施,教育职工自觉承担安全生产义务。

⑦ 为从业人员提供符合国家标准或行业标准的劳动防护用品,并监督教育从业人员按照规定佩戴使用。

⑧ 对重大危险源实施有效的监测、监控。

⑨ 预防和减少作业场所职业危害。

⑩ 安全设施、设备(包括特种设备)符合安全管理的有关要求,按规定定期检测检验。

⑪ 依法制定生产安全事故应急救援预案,落实操作岗位应急措施。

⑫ 及时发现、治理和消除本单位安全事故隐患。

⑬ 积极采取先进的安全生产技术、设备和工艺,提高安全生产科技保障水平;确保所使用的工艺装备及相关劳动工具符合安全生产要求。

⑭ 保证新建、改建、扩建工程项目依法实施安全设施"三同时"。

⑮ 统一协调管理承包、承租单位安全生产工作。

⑯ 依法参加工伤社会保险,为从业人员缴纳保险费。

⑰ 按要求上报生产安全事故,做好事故抢险救援,妥善处理对事故伤亡人员依法赔偿等事故善后工作。

⑱ 法律、法规规定的其他安全生产责任。

(4)我国煤矿安全监管存在的问题

① 煤矿安全监管职能重叠,存在重复监管。一段时期以来,我国煤矿安全监管模式是国家监察、地方监管与行业管理相结合,主要特点有:

行业单独监管,即对煤炭行业设立一套独立的核心监管机构——国家矿山安全监察局——专门负责煤炭行业安全监管;

煤矿安全核心监管机构垂直管理,即国家矿山安全监察局在地方设立的派

出机构实行垂直管理,在人、财、权上均独立于地方政府;

煤矿安全核心监管机构与地方政府煤矿安全监管部门分工与合作共同监管。

在我国煤矿安全"国家监察、地方监管"的工作格局下,无论是国家煤矿安全监察机构还是地方煤矿安全监管主体,都有权对煤矿企业是否守法进行监督管理,这就导致煤矿企业不得不同时面对多部门的安全监管,不仅浪费行政资源,同时也会增加煤矿企业的经营负担。

② 煤矿安全行政监察功能没有得到有效实施。国家煤矿安全监察部门最重要的职能是煤矿安全监察,但其工作重点主要在对企业的行政监管上,对地方政府及其所属部门的行政监察工作由于体制等方面的原因,基本上流于形式。国家煤矿安全监察部门行政处理与行政处罚缺乏强制力保障,现有的煤矿安全管理法规并没有授予国家煤矿安全监察部门具体的行政强制执行权,导致在监察实践中,各种责令、罚款或关闭决定,最终都需要地方政府及其所属部门予以配合执行。

③ 中央政府与地方政府在煤矿具体监管工作中存在一定的矛盾和冲突。在国民经济管理方面,中央政府负责统筹管理全国经济平衡发展,而地方政府则负责辖区内的地方经济发展,存在整体与局部的矛盾;在财税体制方面,1994年财税体制改革以后,中央资金富足地方资金困乏的矛盾日渐突出。在这些基本矛盾背景中,当生产安全与地方经济发展产生矛盾时,煤矿安全监管的中央与地方的矛盾显得尤其尖锐。

④ 由于监管手段的局限性,存在信息共享、信息传递不及时等问题。在传统煤矿安全监管中,各监管部门之间由于监管手段的局限性,存在信息共享不足、信息传递不畅等问题。而这些问题随着物联网技术的发展也产生了新的变化,物联网大数据技术对于改变监管手段、实现信息共享以及降低信息传递的不及时性具有改善作用。

⑤ 没有形成监管协调、奖惩分明、激励约束相统一的机制。在我国煤矿企业以及同一层级、不同层级的监管主体之间,存在着复杂的责、权、利关系。这些关系影响着我国煤矿监管体系的运行效率和效果。建立畅通有效的监管机制,形成监管协调、奖惩分明、激励与约束相统一的安全监管机制,有利于我国监管主体作用的发挥以及被监管主体的履责,最终提升安全生产的效果。

1.2 研究物联网环境下煤矿安全监管体系的必要性及意义

1.2.1 研究物联网环境下煤矿安全监管体系的必要性

研究物联网环境下煤矿安全监管体系的必要性在于利用物联网技术以及相关新的监管手段促进煤矿企业认真落实相关法律法规,保护煤矿职工的生命安全和健康,预防和减少煤矿事故的发生。理论上,在我国煤矿物联网应用快速发展的环境下,研究基于物联网的煤矿安全监管体系,明确我国基于物联网的煤矿监管内容、监管方式以及监管对策,能够为我国基于物联网的煤矿安全监管提供理论指导,同时也为其他行业应用物联网进行安全管理、社会公共应急管理提供参考建议。实践上,基于物联网的煤矿安全监管体系研究,可以进一步指导我国煤矿企业实施基于物联网的安全管控体系建设以及监管机构实施基于物联网的安全监管,使煤矿企业的物联网建设少走弯路,能够进一步提高我国煤矿安全监管的水平,降低我国煤矿的事故率,保障煤矿从业人员的生命安全。具体来讲其必要性体现在以下方面。

(1)国家层面

当今世界物联网和大数据、人工智能技术蓬勃发展,各国都在积极借助新技术解决生产、生活当中的问题。煤炭是我国的基础能源,我国的煤矿安全生产现状与主要产煤国家相比仍然差距较大,借助物联网技术,将其应用于煤矿安全生产监管,不但有利于我国煤矿安全生产监管水平和监管效率的提高,更能够促进物联网相关技术在我国生产安全领域的应用和发展。

(2)行业层面

我国煤炭行业仍然是最为危险的行业之一,研究物联网环境下的煤矿安全监管体系,有利于提高煤炭行业的整体安全水平。当前我国煤炭行业正处于供给侧结构性改革和智慧化转型的过程中。通过物联网和智能信息技术的应用,实现煤矿物-物、物-人、人-人的全面相连和信息集成,主动感知、分析并快速做出决策,可以实现煤炭行业安全、集约、高效、可持续发展。

(3)地方政府层面

通过基于物联网的煤矿安全监管体系实施,可以实现政府对企业的远程监管。物联网环境下的煤矿监管信息平台能够通过先进的信息手段和数据分析决策技术提高地方政府对于煤矿安全态势的掌握,提高监管的效率和效果。

(4)煤矿企业层面

通过基于物联网的煤矿安全监管体系实施,能够加强企业安全主体责任的落实,指导煤矿企业建设现代化智能安全煤矿。通过体系的实施,最终促使煤矿企业提高信息化建设的水平和安全管理的水平,实现煤矿安全生产的透明化、信息化和智能化,实现煤矿企业的安全、高效发展。

(5)矿工层面

通过基于物联网的煤矿安全监管体系实施,能够促使煤矿企业切实加强安全投入和安全管理,减少和杜绝企业违法违规行为,提高矿工工作环境的安全性,保障矿工的人身安全和职业健康。

1.2.2 研究物联网环境下煤矿安全监管体系的意义

近年来科技的进步使煤炭行业得到了前所未有的发展,煤矿企业也从传统模式逐渐向企业集团化、现代化、大型化、信息化的方向发展,煤矿设备也逐渐趋于大型化、复杂化、集成化和自动化。2011 年 3 月,《煤矿井下安全避险“六大系统”建设完善基本规范(试行)》发布,煤矿“六大系统”的建设大大提升了我国煤矿安全监管的信息化程度。2018 年 5 月 1 日起,《智慧矿山信息系统通用技术规范》(GB/T 34679—2017)开始实施,标志着我国煤矿信息化、智能化建设进入了一个新的阶段。

物联网大数据技术快速发展,为我国改进煤矿安全监管手段、提升监管效率提供了良好的机遇。在物联网环境下,运用大数据思维,构建煤矿安全监管体系,确立煤矿安全监管标准,建立煤矿安全监管指标体系,明确各层级的监管内容和监管职责,整合有效资源,让数据多跑路,减少重复性监管工作,对于提升安全监管效率、保障煤矿安全生产具有重大的现实意义。

本书根据我国煤矿生产特点,将理论研究与生产实际紧密结合,通过与合作基地和典型煤矿监管部门密切合作,采用理论研究与试点应用相结合的方式开展研究。

理论上,将物联网技术与煤矿安全监管相结合,建立煤矿安全监管的物联网框架;科学界定物联网联结的物件和人员,并根据各部门安全监管需求,构建分布式异构数据库。在此基础上,利用数据挖掘技术、仿真技术,及时、准确地提炼煤矿安全生产的相关信息,对安全生产状况进行预测、预警,最终集成为基于物联网的煤矿安全监管信息系统。

实践上,面向煤矿安全监管,建立基于物联网的煤矿安全监管体系,从技术上解决煤矿安全监管中基础信息不准确、不全面、不及时、不规范等问题。同时物联网技术也有助于解决我国煤矿安全监管力量分散和不足等问题,有效解决目前监管困难的瓶颈问题,进而解决煤矿生产中危险源感知不准确、处理不及时、监管不到位的难题,促进我国煤矿安全生产。

此外,研究物联网环境下的煤矿安全监管体系不仅有利于提高我国煤矿安全监管的水平,对于其他行业借助物联网技术进行系统监管尤其是安全监管也具有重要的借鉴意义。

1.3 物联网环境下的煤矿安全监管体系框架

监管体系是指政府监管部门的组织结构和组成方式,即采用怎样的组织形式以及如何将这些组织形式结合成为一个合理的有机系统(运行机制),以完成监管任务,实现监管目的。物联网环境下煤矿安全监管体系包括组织体系、监管指标体系、信息化平台、配套政策四个组成部分,其中组织体系清楚地界定了监管的组织结构、监管主体和监管职责,设计了煤矿安全监管运行机制;监管指标体系明确了监管的内容;信息化平台则是帮助监管主体实现实时便捷监管的信息化手段;基于物联网的煤矿安全监管配套政策从体制机制、法律法规、制度保障、政策措施等方面,促进并确保基于物联网的煤矿安全监管工作的有效开展。

(1)物联网环境下煤矿安全监管组织体系

根据煤矿安全生产的特点,立足于物联网环境,遵循组织机构设计的基本原理,进行垂直独立的纵向组织结构设计、监管任务分工协作的横向组织结构设计。在运行机制方面,设计煤矿安全信息共享和分层分级监管机制、煤矿安全信息化监管机制、基于物联网的监管系统协调机制,以实现"信息共享,各取所需,层层监管,各司其职"的煤矿安全监管。

(2)物联网环境下煤矿安全监管指标体系

对煤矿安全监管要素及其特征进行系统分析,从煤矿企业作为安全责任主体的角度,构建物联网环境下企业安全管控指标体系。从地方安全监管的角度,构建物联网环境下地方安全监管指标体系。从国家安全监察的角度,构建物联网环境下国家安全监管平台,从而形成完整系统的煤矿安全监管指标体系。

（3）物联网环境下煤矿安全监管云系统

物联网技术的发展和应用有利于安全监管水平的提高。为此,我们结合物联网技术特征和煤矿安全监管的要求,研究开发基于物联网的煤矿安全监管云平台。该系统的用户为国家矿山安全监察局及设在地方的安全监察局、煤炭企业及下属煤矿。该系统的主要功能有:为煤矿安全监察部门、监管部门、煤矿企业提供统一登录入口,支持 PC 和手机 App;与地理信息系统(GIS)结合,支持基于 GIS 的矿图的编辑、导入、导出;集成现有系统的安全监测数据,实现基于地理位置的安全信息集成、分析;实现煤矿安全的分级监察、监管,实现基于位置的煤矿危险源的显示、监测,实现事故的智能预警;实现安全风险的分区域、分级智能化预警;为煤矿企业安全风险预控管理体系建设提供信息化平台支持;基于云架构部署,支持后台系统服务器和数据服务器的动态增减,支持服务器的全国分布式部署和分级管理。

（4）基于物联网的煤矿安全监管配套政策

基于物联网的煤矿安全监管与传统的煤矿安全监管相比,监管内容、监管模式和监管流程等都发生了重大变化,监管的体制和运作机制也相应进行了调整。为保障基于物联网的煤矿安全监管体系的有效运行,在设计科学合理的组织结构、系统分析监管对象和要素、构建煤矿安全监管指标体系、研发基于物联网的煤矿安全监管云系统的基础上,需要从体制机制、法律法规、制度保障、政策措施等方面,制定一套行之有效的配套保障政策,促进并确保基于物联网的煤矿安全监管工作的有效开展。具体包括理顺煤矿安全监管体制机制,完善煤矿安全监管法律法规体系,健全煤矿安全监管制度,出台相应的保障措施等。

本章小结

本章首先介绍了我国煤矿安全生产的现状,分析了我国安全生产取得的成绩与存在的问题。其次,针对我国煤矿安全监管机构与体制,介绍了其产生、演变的过程,接着对我国煤矿安全生产监管的现状进行了分析。在此基础上,分析了物联网技术应用对于提高煤矿安全监管水平的必要性,指出煤矿监管体系需要针对物联网的影响以及企业生产实际中的问题做出调整,研究物联网环境下的煤矿安全监管具有重要的理论和实践意义。最后,介绍了物联网环境下的煤矿安全监管体系框架。

2 煤矿安全监管基础理论及监管技术演变

2.1 煤矿安全监管基础理论

2.1.1 安全监管相关基本概念

（1）安全和危险

安全，顾名思义是指"无危则安，无缺则全"，泛指没有危险、不出事故的状态。随着社会经济的发展，人们越来越重视生活和生产中的安全问题，人们对安全问题的研究也越来越深入，对安全的概念也有了更深刻的认识。

按照系统论的观点，安全是指客观事物的危险程度能够为人们所普遍接受的状态。

生产过程中的安全即安全生产，是指不发生工伤事故、职业病、设备和财产损失。因此，不因人、机、环境的相互作用而导致系统失效、造成人员伤害或其他损失就是安全状态。

根据系统安全工程的观点，危险是指系统中存在导致发生不期望后果的可能性超过了人们的承受程度。从危险的概念可以看出，危险是人们对事物的具体认识，必须指明具体对象，如危险环境、危险条件、危险状态、危险物质、危险场所、危险人员、危险因素等。

生产过程中的危险是指某一系统、产品、设备或操作的内部或外部的一种潜在状态，其发生可能造成人员伤害、职业病、财产损失、作业环境破坏的状态。

从这些定义中可以看出，安全与危险是相对的，没有绝对的安全。安全与危险是对立统一的两个概念，它们共存于生产生活，是不以人的意志为转移的客观存在。

（2）危险源、隐患、事故、风险

① 危险源,指可能造成人员伤亡或疾病、财产损失、工作环境破坏的根源或状态,泛指可能导致事故的潜在的不安全因素。任何系统都不可避免地存在某些危险源。生产过程中可能发生的物的不安全状态、人的不安全行为、环境的不安全范围、管理的缺陷都是危险源。

② 隐患。《安全生产事故隐患排查治理暂行规定》称安全生产事故隐患指生产经营单位违反安全生产法律、法规、规章、标准、规程和安全生产管理制度的规定,或者因其他因素在生产经营活动中存在可能导致事故发生的物的危险状态、人的不安全行为和管理上的缺陷。

隐患分为一般事故隐患和重大事故隐患。一般事故隐患,是指危害和整改难度较小,发现后能够立即整改排除的隐患。重大事故隐患,是指危害和整改难度较大,应当全部或者局部停产停业,并经过一定时间整改治理方能排除的隐患,或者因外部因素影响致使生产经营单位自身难以排除的隐患。

③ 事故,一般指当事人违反法律法规或由疏忽失误造成的意外死亡、疾病、伤害、损坏或者其他严重损失的情况。

广义地讲,事故是指个人或集体在为实现某一目的而进行活动的过程中,由于突然发生了与人们意志相反的情况,迫使原来的行动暂时或永久地停止下来的事件。

生产事故是指生产经营单位在生产经营活动(包括与生产经营有关的活动)中突然发生的,伤害人身安全和健康,或者损坏设备设施,或者造成经济损失的,导致原生产经营活动(包括与生产经营活动有关的活动)暂时中止或永远终止的意外事件。

④ 风险指某一事故发生的可能性及其可能造成的损失的组合。

按照这种对风险的理解,风险是一个二维概念,以事故发生的可能性大小及其可能造成的损失两个指标进行衡量,即

$$R = f(P, C)$$

式中　R——风险;

　　　P——事故发生的可能性;

　　　C——事故发生后可能造成的损失。

（3）煤矿安全监管

安全监察是指安全监察机关与监察人员接受国家的任命与指派,代表国家对各级政府机关、企事业单位、生产组织及工作人员是否执行安全生产法及有关法规、标准进行监督、纠举和惩戒工作。煤矿安全监察,指煤矿安全监察机关

和监察人员通过履行既定的法律职责和权限,依照相关规定对地方政府煤矿安全监管工作及其部门工作人员、所属煤矿企业及其从业人员是否按照规定落实煤矿安全生产、履行安全职责进行指导、监督、建议、检查和惩戒,是一种具有行业特殊性的行政监察。

政府监管,也可以称为政府规制或管制,是市场经济条件下政府为实现某些公共政策目标,通过计划、组织、检查、控制等手段对微观经济主体进行的规范与制约。煤矿安全监管(这里指的是对应我国煤矿安全监察而言的地方政府的监督管理),指地方政府内对煤矿安全生产负有监督管理职责的部门及其工作人员,按照职责监督、约束、管理煤矿企业遵守安全生产法律法规进行生产的行为。其中职责主要体现在管理上,即监督检查、组织协调和规划指导。

行使"国家监察"权力的主体是各级煤矿安全监察机构。其监察对象分为两类,一类是煤炭生产主体——煤矿企业,另一类则是地方政府和代表地方政府的各级煤矿安全监管部门。

地方监管的主体则是各级地方人民政府及其管理部门。监管对象是煤矿企业。其监管模式是由代表地方政府的各级煤矿安全监管部门对煤矿企业进行日常检查和监督。

管理是以企业所有权为基础,对企业人员共同劳动进行组织和协调,以提高企业运行效率,实现企业目标。煤矿安全管理是煤矿企业为了达到安全生产的目的而进行的计划、组织、领导和控制等活动。

广义上的监管,有监视、监督和管理的意思。本书中将监察、监管和管理统称为监管。

(4) 危险源、事故、隐患、风险、监管的关系

危险源是客观存在的,有生产活动就有危险源,危险源受控时就是安全状态,危险源一旦失控就变成隐患,研究对象由安全状态变成危险状态,带来事故风险。隐患在触发事件的触发下会导致事故的发生。隐患是事故发生的必要条件,但不是充分条件。为防止危险源转变成隐患,应该对煤矿生产过程中的危险源进行全面系统的辨识,并进行监测,确保危险源处于可控在控状态。当隐患出现后,能及时采取有效措施予以控制和消除,就能避免事故的发生。因此,对煤矿安全生产过程中出现的隐患进行及时预警是控制事故发生的有效手段。

风险是危险源和隐患造成事故损失的可能性。危险强调造成危害的状态存在的绝对性,风险强调事故发生的可能性。如果隐患触发事故,则会演变成

安全事故,带来生命财产损失。

监管起到屏障作用,第一道屏障是防止危险源转化为隐患,保障生产活动处于安全状态;第二道屏障是一旦危险源失控转化为隐患,要及时控制或消除隐患,避免事故的发生。

危险源、事故、隐患、风险、监管的关系如图 2-1 所示。

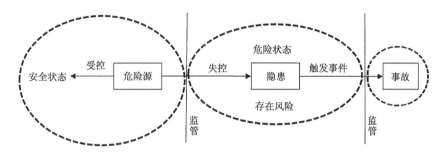

图 2-1　危险源、事故、隐患、风险、监管的关系

2.1.2　事故致因理论

煤矿安全监管的目的是控制和消除危险源,防止事故的发生。事故具有明显的因果性和规律性。为了预防和控制事故,就必须找出事故发生的根本原因,在千变万化、复杂多样的事故中发现共性的东西,并将其抽象出来,用于指导实践,制定出事故控制的最有效的方案。

事故致因理论是研究事故发生原因、发生机理以及如何防止事故发生的理论。事故致因理论是人们对事故机理所作的逻辑抽象或数学抽象,是描述事故成因、经过和后果的理论,研究人、物、环境、管理及事故处理这些基本因素如何作用而形成事故隐患、造成损失。即事故致因理论是从本质上阐明事故的因果关系,说明事故的发生发展过程和后果的理论,它对于人们认识事故本质,对危险源进行监管,进而进行事故预防等都有重要的作用。

从 20 世纪初至今,事故致因理论的发展经历了三个阶段,即早期的单因素事故致因理论阶段,第二次世界大战时期的双因素事故致因理论阶段和 20 世纪 60 年代以后的三因素事故致因理论阶段。单因素事故致因理论的主要观点是,事故的发生并不一定是随机的,有事故倾向性的工人更容易导致事故的发生。其代表性的理论有事故频发倾向论。以能量意外释放理论为主要代表的双因素事故致因理论认为,人与其工作环境密切相连,因此事故的发生是人与环境共同作用的结果。三因素理论认为,事故的发生是人、物和环境三者综合导致的结果,并且诞生出以瑟利提出的人类工程方法等为代表的一系列事故致因模型。

(1) 事故频发倾向论

事故频发倾向是指个别人容易发生事故的、稳定的、个人的内在倾向。事故频发倾向者的存在是工业事故发生的主要原因,即少数具有事故频发倾向的工人是事故频发倾向者,他们的存在是工业事故发生的原因。

该理论的萌芽源于 20 世纪初期伤亡事故频繁发生的状况。当时,资本主义工业的飞速发展,使得蒸汽动力和电力驱动的机械取代了手工作坊中的手工工具,这些机械的使用大大提高了劳动生产率,但也增加了事故发生率。因为当时设计的机械很少或者根本不考虑操作的安全和方便,几乎没有什么安全防护装置。工人没有受过培训,操作不熟练,加上长时间的疲劳作业,伤亡事故自然频繁发生。安全问题引起了人们的重视,人们开始从人因的角度研究事故发生的原因。1919 年,英国的格林伍德和伍兹把许多伤亡事故发生次数按照泊松分布、偏倚分布和非均等分布进行了统计分析发现,当发生事故的概率不存在个体差异时,一定时间内事故发生次数服从泊松分布。一些工人由于存在精神或心理方面的问题,如果在生产操作过程中发生过一次事故,当再继续操作时,就有重复发生第二次、第三次事故的倾向,符合这种统计分布的主要是少数有精神或心理缺陷的工人,服从偏倚分布。当工厂中存在许多特别容易发生安全管理事故的人时,发生不同次数事故的人数服从非均等分布。该研究表明,工人中的某些人较其他人更容易发生事故。

在此基础上,1939 年,法默和查姆勃明确提出了事故频发倾向的概念,认为事故频发倾向者的存在是工业事故发生的主要原因。即少数具有事故频发倾向的工人是事故频发倾向者,他们的存在是企业事故发生的原因。如果企业中减少了事故频发倾向者,就可以减少安全事故。

一般来说,具有事故频发倾向的人在进行生产操作时往往精神动摇,注意力不能经常集中在操作上,因而不能适应迅速变化的外界条件。事故频发倾向者往往有如下的性格特征:① 感情冲动,容易兴奋;② 脾气暴躁;③ 厌倦工作,没有耐心;④ 慌慌张张,不沉着;⑤ 动作生硬而工作效率低;⑥ 喜怒无常,感情多变;⑦ 理解能力低,判断和思考能力差;⑧ 极度喜悦和悲伤;⑨ 缺乏自制力;⑩ 处理问题轻率、冒失;⑪ 运动神经迟钝,动作不灵活。

防止企业中有事故频发倾向者是预防事故的基本措施:一方面,通过严格的生理、心理检验等,从众多的求职人员中选择身体、智力、性格特征及动作特征等方面优秀的人才就业;另一方面,一旦发现事故频发倾向者则将其解雇。显然,由优秀的人员组成的工厂是比较安全的。

这一理论提示我们,当人员的素质不符合生产操作要求时,人在生产操作中就会发生失误或不安全行为,从而导致事故发生。危险性较高的、重要的操作,特别要求人的素质较高。例如,特种作业的场合,操作者要经过专门的培训、严格的考核,获得特种作业资格后才能从事。因此,尽管事故频发倾向论把工业事故的原因完全归因于少数事故频发倾向者的观点是错误的,然而从职业适合性的角度来看,关于事故频发倾向的认识也有一定的可取之处。

在煤矿安全监管中,我们应当监督监察各岗位的工作人员是否具备从事相应岗位工作的素养。其实在煤矿安全管理中一直有事故倾向理论的应用,如:煤矿管理人员在长期的安全生产管理实践中梳理出了各种容易产生不安全行为的人。其中一个版本是煤矿最难管理的25种危险人:一是善于冒险、不考虑后果的"大胆人";二是冒失莽撞的"勇敢人";三是吊儿郎当的"马虎人";四是满不在乎的"粗心人";五是心存侥幸的"麻痹人";六是投机取巧的"大能人";七是固执己见的"怪癖人";八是牢骚满腹的"情绪人";九是难事缠身、心事重重的"忧愁人";十是急于求成的"草率人";十一是心神不定的"心烦人";十二是习惯违章的"固执人";十三是图省事怕麻烦的"懒惰人";十四是带病工作的"坚强人";十五是休息不好、探亲归来的"疲惫人";十六是变化工种岗位的"改行人";十七是酒后上岗的"不醉人";十八是力不从心的"老工人";十九是不懂安全知识的"新工人";二十是受了委屈的"气愤人";二十一是不求上进的"抛锚人";二十二是单纯追求任务指标的"效益人";二十三是盲目听从指挥的"糊涂人";二十四是新婚前后的"幸福人";二十五是因家庭问题精神受刺激的"沉闷人"。在日常的管理中应对这些重点人群进行重点监管。

(2) 骨牌理论

骨牌理论又称海因里希模型,是由海因里希(Heinrich)提出的。1931年,美国的海因里希在《工业事故预防》一书中,阐述了事故发生的因果连锁理论,后人称其为海因里希因果连锁理论。该理论认为,伤亡事故的发生不是一个孤立的事件,尽管伤害可能在某瞬间突然发生,却是一系列事件相继发生的结果。

如图2-2所示,海因里希模型的5块骨牌依次是:

① 遗传及社会环境(M)。遗传及社会环境是造成人的缺点的原因。遗传因素可能使人具有鲁莽、固执、粗心等不良性格;社会环境可能妨碍教育,助长

不良性格的发展。这是事故因果链上最基本的因素。

② 人的缺点（P）。人的缺点是由遗传和社会环境因素造成的,是使人产生不安全行为或使物产生不安全状态的主要原因。这些缺点既包括各类不良性格,也包括缺乏安全生产知识和技能等后天的不足。

③ 人的不安全行为和物的不安全状态（H）。即造成事故的直接原因。

④ 事故（D）。即由物体、物质或放射线等对人体发生作用,使人员受到伤害或可能受到伤害的、出乎意料的、失去控制的事件。

⑤ 发生人的伤害（A）。即直接由于事故而产生伤害。

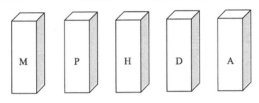

图 2-2　海因里希模型

海因里希把事故的发生发展过程描述为具有一定因果关系事件的连锁,即人员伤亡的发生是事故的结果,事故的发生原因是人的不安全行为或物的不安全状态,人的不安全行为或物的不安全状态是由于人的缺点造成的,人的缺点是由于不良环境诱发或者是由先天的遗传因素造成的。

海因里希因果连锁理论的基本思想是,一种可防止的伤亡事故的发生是一系列事件顺序发生的结果。他引用了多米诺效应的基本含义,认为事故的发生,犹如一连串垂直放置的骨牌,前一个倒下,导致后面的一个个倒下,当最后一个倒下,就使人体受到了事故伤害,也就是发生了人身伤亡事故。

海因里希认为,企业事故预防工作的中心就是防止人的不安全行为,消除机械的或物质的不安全状态,中断事故连锁的进程而避免事故的发生,如图 2-3所示。

该理论的积极意义在于:如果移去因果连锁中的任一块骨牌,则连锁被破坏,事故过程即被中止,达到控制事故的目的。海因里希还强调指出,企业安全工作的中心就是要移去中间的骨牌,即防止人的不安全行为和物的不安全状态,从而中断事故的进程,避免伤害的发生。当然,通过改善社会环境使人具有更为良好的安全意识,加强培训使人具有较好的安全技能,或者加强应急抢救措施,也都能在不同程度上移去事故连锁中的某一骨牌或增加该骨牌的稳定性,使事故得到预防和控制。

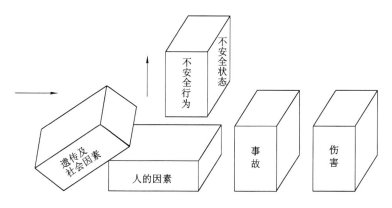

图 2-3 去掉中间的因素使连锁被破坏

　　海因里希"直观化"的事故因果连锁理论关注了事故形成中的人与物,开创了事故系统观的先河,促进了事故致因理论的发展,成为事故研究科学化的先导。

　　海因里希理论明显的不足是它对事故致因连锁关系的描述过于绝对化、简单化。事实上,各个骨牌(因素)之间的连锁关系是复杂的、随机的。前面的牌倒下,后面的牌可能倒下,也可能不倒下。事故并不是全都造成伤害,不安全行为或不安全状态也并不是必然造成事故。同时他把人的不安全行为和物的不安全状态的产生原因完全归因于人的缺点,进而追究人的遗传因素和社会环境方面的问题,表现出了认识的局限性。

　　博德认为导致事故发生的根本原因是管理的失误,而管理的核心则是降低不安全行为的频率,如图 2-4 所示。

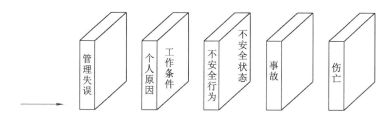

图 2-4 博德事故因果连锁模型

（3）能量意外释放理论

　　能量在生产过程中是不可缺少的,人类利用能量做功以实现生产目的。人类为了利用能量做功,必须控制能量。在正常生产过程中,能量受到种种约束或限制,按照人们的意志流动、转换和做功。如果由于某种原因能量失去了控制,超越了人们设置的约束或限制而意外地逸出或释放,则称发生了事故,这种对事故发生机理的解释被称作能量意外释放理论。

能量意外释放理论的基本观点是:不希望的或异常的能量转移是伤亡事故的致因。即人受伤害的原因只能是某种能量向人体的转移,而事故则是一种能量的不正常或不期望的释放。

能量是物体做功的本领,人类社会的发展就是不断地开发和利用能量的过程。但能量也是对人体造成伤害的根源,没有能量就没有事故,没有能量就没有伤害。根据这一概念,1961 年吉布森提出了事故是一种不正常的或不希望的能量释放,各种形式的能量是构成伤害的直接原因的观点。因此,应该通过控制能量或控制作为能量达及人体媒介的能量载体来预防安全管理伤害事故。

在吉布森的研究基础上,1966 年哈登完善了能量意外释放理论,提出"人受伤害的原因只能是某种能量的转移"。能量按其形式可分为动能、势能、热能、电能、化学能、原子能、辐射能(包括离子辐射和非离子辐射)、声能和生物能等。人受到伤害都可归结为上述一种或若干种能量的不正常或不期望的转移。

哈登认为,在一定条件下某种形式的能量能否产生伤害和造成人员伤亡事故取决于能量大小、接触能量时间长短和频率以及力的集中程度。据此,他提出了能量逆流于人体造成伤害的分类方法,把能量引起的伤害分为两大类。

第一类伤害是由于施加了超过局部或全身性的损伤阈值的能量而产生的。人体各部分对每一种能量都有一个损伤阈值。当施加于人体的能量超过该阈值时,就会对人体造成损伤。大多数伤害均属于此类伤害。例如,在生产中,一般都以 36 V 为安全电压,这就是说,在正常情况下,当人与电源接触时,由于 36 V 在人体所承受的阈值之内,就不会造成伤害或伤害极其轻微;而由于 220 V 电压大大超过人体的承受阈值,与其接触,轻则灼伤或某些功能暂时性损伤,重则造成终身伤残甚至死亡。

第二类伤害则是由于影响局部或全身性能量交换引起的,譬如因机械因素或化学因素引起的窒息(如溺水、一氧化碳中毒)。

能量意外释放理论从事故发生的物理本质出发,阐述了事故的连锁过程。如图 2-5 所示,由于管理失误引发的人的不安全行为和物的不安全状态及其相互作用,使不正常的或不希望的危险物质和能量释放,并转移于人体、设施,造成人员伤亡或财产损失,事故可以通过减少能量和加强屏蔽来预防。人类在生产、生活中不可缺少的各种能量,如因某种原因失去控制,就会违背人的意愿而意外释放或逸出,使进行中的活动中止而发生事故,导致人员伤害或财产损失。

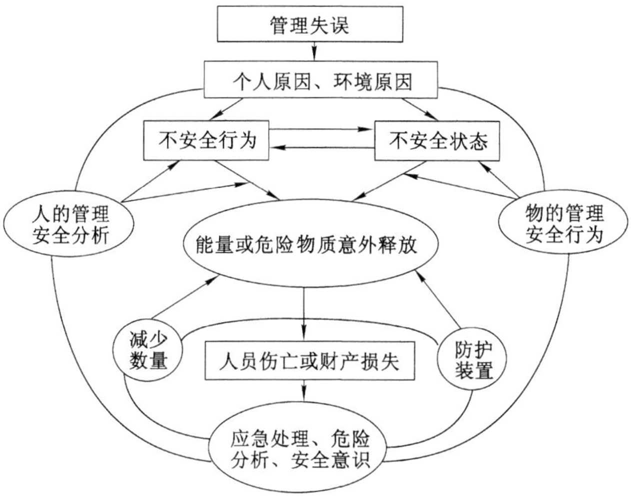

图 2-5 能量意外释放理论事故致因连锁

用能量意外释放理论的观点分析事故致因的基本方法是:首先确认某个系统内的所有能量源,然后确定可能遭受该能量伤害的人员及伤害的可能严重程度;进而确定控制该类能量不正常或不期望转移的方法。

从能量意外释放理论出发,预防伤害事故就是防止能量或危险物质的意外释放,防止人体与过量的能量或危险物质接触。哈登认为,预防能量转移于人体的安全措施可用屏蔽防护系统。约束限制能量,防止人体与能量接触的措施称为屏蔽,这是一种广义的屏蔽。同时,他指出,屏蔽设置得越早,效果越好。按能量大小可建立单一屏蔽或多重的冗余屏蔽。

在煤矿安全生产中,经常采用的防止能量意外释放的措施主要有如下几种:

① 用安全的能源代替不安全的能源。例如,在易发生触电的作业场所,用压缩空气动力代替电力,防触电;采用水力采煤代替火药爆破等。

② 限制能量。即限制能量的大小和速度,规定安全极限量。例如,限制设备运转速度以防止机械伤害,限制露天爆破装药量以防止飞石伤人等。

③ 防止能量蓄积。能量的大量蓄积会导致能量突然释放,可采取措施防止能量蓄积。例如,通风控制瓦斯浓度,设备接地消除静电蓄积等。

④ 延缓释放能量。缓慢地释放能量可以降低单位时间内释放的能量,减轻

能量对人体的作用。例如,用各种减震装置吸收冲击能量,防止人员受到伤害等。

⑤ 开辟释放能量的渠道。例如,探放水防止透水事故,抽放煤矿瓦斯防止瓦斯蓄积爆炸等。

⑥ 设置屏蔽设施。屏蔽设施是一些防止人员与能量接触的物理实体,即狭义的屏蔽。例如,安装在机械转动部分外面的防护罩,设置安全围栏等。再如,利用防火门、防火密闭等在时间或空间上把能量与人隔离,戴防尘、防毒口罩防止吸入有害物质等。

⑦ 提高防护标准。例如,采用双重绝缘工具防止高压电能触电事故,用耐高温、耐高寒材料制作个体防护用具等。

（4）瑟利模型

瑟利模型是在 1969 年由美国人瑟利(J. Surry)提出的。

如图 2-6 所示,该模型把事故的发生过程分为危险出现和危险释放两个阶

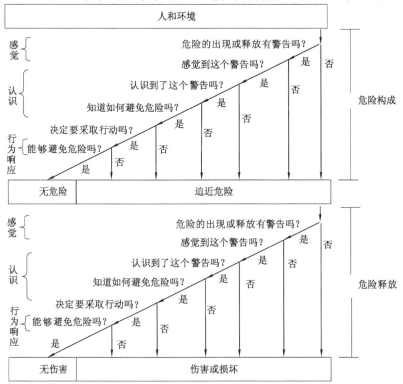

图 2-6　瑟利模型

段,这两个阶段各自包括一组类似的人的信息处理过程,即感觉、认识和行为响应。在危险出现阶段,如果人的信息处理的每个环节都正确,危险就能被消除或得到控制;反之,就会使操作者直接面临危险。在危险释放阶段,如果人的信息处理过程的各个环节都是正确的,则虽然面临着已经显现出来的危险,但仍然可以避免危险释放出来,不会带来伤害或损害;反之,危险就会转化成伤害或损害。

由图 2-6 中可以看出,两个阶段具有相类似的信息处理过程即 3 个部分,6个问题则分别是对这 3 个部分的进一步阐述,分别是:

① 危险的出现或释放有警告吗? 这里警告的意思是指工作环境中对安全状态与危险状态之间的差异的指示。任何危险的出现或释放都伴随着某种变化,只是有些变化易于察觉,有些则不然。而只有使人感觉到这种变化或差异,才有避免或控制事故的可能。

② 感觉到这个警告吗? 这包括两个方面:一是人的感觉能力问题,包括操作者本身感觉能力,如视力、听力等较差,或过度集中注意力于工作或其他方面;二是工作环境对人的感觉能力的影响问题。

③ 认识到了这个警告吗? 这主要指操作者在感觉到警告信息之后,是否正确理解了该警告所包含的意义,进而较为准确地判断出危险的可能后果及其发生的可能性。

④ 知道如何避免危险吗? 这主要指操作者是否具备为避免危险或控制危险,做出正确的行为响应,所需要的知识和技能。

⑤ 决定要采取行动吗? 无论是危险的出现或释放,其是否会对人或系统造成伤害或破坏是不确定的。而且在某些情况下,采取行动固然可以消除危险,却要付出相当大的代价。

⑥ 能够避免危险吗? 在操作者决定采取行动的情况下,能否避免危险则取决于人采取行动的迅速、正确、敏捷与否,以及是否有足够的时间等其他条件使人能做出行为响应。

上述 6 个问题中,前两个问题都是与人对信息的感觉有关的,第 3~5 个问题与人的认识有关,最后一个问题与人的行为响应有关。这 6 个问题涵盖了人的信息处理全过程,并且反映了在此过程中有很多发生失误进而导致事故的机会。

瑟利模型从人、机、环系统的角度对危险从潜在到显现进而导致事故和伤害进行了细致的分析。不仅分析了危险出现、释放直至导致事故的原因,而且为事故预防提供了一个良好的思路。即要想预防和控制事故,关键在于发现和识别出危险,正确处理安全与生产的关系,并根据实际情况采取相应的措施。这就要求员工具备发现和识别危险的能力,并能够正确估计危险由潜在变为显现的可能性和自己避免危险显现的技能。

煤矿安全监管工作的重中之重是对危险源的监测和对危险信息的及时传递。依据瑟利模型,为了控制和消除危险,首先要让作业员工能在第一时间感觉到危险的出现和释放。物联网技术的发展,为危险信息的采集和及时传输提供了技术支持,为预防或控制事故创造了条件和可能。其次,应通过培训和教育的手段,提高人感觉危险信号的敏感性,包括抗干扰能力等,同时也应采用相应的技术手段帮助操作者正确地感觉危险状态信息。再次,应通过教育和培训的手段,使操作者在感觉到警告之后准确地理解其含义,并知道应采取何种措施避免危险发生或控制其后果。同时,在此基础上,结合各方面的因素做出正确的决策。最后,应通过系统及其辅助设施的设计,使人在做出正确的决策后,有足够的时间和条件做出行为响应。这样,事故就会在相当大程度上得到控制,取得良好的预防效果。

煤矿安全监管中的隐患排查就是瑟利模型很好的应用。《安全生产事故隐患排查治理暂行规定》第十条规定:"生产经营单位应当定期组织安全生产管理人员、工程技术人员和其他相关人员排查本单位的事故隐患。对排查出的事故隐患,应当按照事故隐患的等级进行登记,建立事故隐患信息档案,并按照职责分工实施监控治理。"隐患治理,就是指消除或控制隐患的活动或过程。发现隐患后,应用各种治理手段将其消除,从而把生产安全事故消灭在萌芽状态,达到安全生产的目标。

(5)轨迹交叉论

轨迹交叉论的基本思想是,在一个系统中,人的不安全行为和物的不安全状态的形成过程中,一旦发生时间和空间的轨迹交叉就会造成事故。这就是说,事故是由人的不安全行为和物的不安全状态共同造成的,这是大多数事故的发生规律。

轨迹交叉论描绘的事故模型如图2-7所示。

就一般情况而言,由于企业管理上的缺欠,如领导对安全工作不重视,各级干部对安全不负责任,安全规章制度不健全,职工缺乏必要的安全教育和训练等,职工就有可能产生不安全行为;或者机械设备缺乏维护、检修,安全设备设施不足,建筑设施、作业环境不符合安全要求等,以致形成物的不安全状态,进

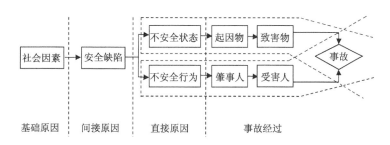

图 2-7 轨迹交叉论事故模型

而孕育了事故的起因物,产生施害物。当采取不安全行为的行为人与因不安全状态而产生的施害物发生时间、空间的轨迹交叉时,就必然会发生事故。

值得注意的是,人与物两种因素又互为因果,有时物的不安全状态能导致人的不安全行为,而人的不安全行为也可能使物产生不安全状态。因此,在考察人的系列或物的系列时不能绝对化。

总体来看,构成伤亡事故的人与物两大系列中,人的原因占绝对的地位。纵然伤亡事故完全来自机械、设备或物质的危害,但这些还是由人设计、制造、使用和维护的,其他物质也受人的支配,整个系统中的人、物、环境的安全状态都是由人管理的。

轨迹交叉论也可以理解为:具有危害能量的物体(或人)的运动轨迹与人(或物体)的运动轨迹在某一时刻交叉就发生事故。当然,两种运动轨迹均是在三维空间的运动轨迹,如图 2-8 所示。

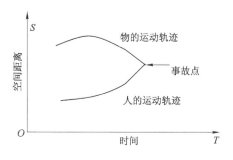

图 2-8 轨迹交叉事故模型

按照轨迹交叉论的观点,构成事故的要素为:人的不安全行为、物的不安全状态和人与物的运动轨迹交叉。但是,这种交叉也必须以足以致害的能量转移为前提。从这一点考虑,轨迹交叉论实际上是能量转移论的扩展。当前世界各国之所以普遍采用这种事故致因理论,是因为它能更详细、更贴切地描述事故的成因,更具有实用性。

根据这种事故致因理论及其事故模型,我们也可以分析伤亡事故的原因,探索事故的发生规律,提出防止事故的具体措施。

由该理论出发,考虑预防或控制事故的措施可以从三个方面入手:

① 防止人、物发生时空交叉。运动着的、不安全行为的人和不安全状态的物的时空交叉点就是事故点。因此,防止事故的根本出路就是避免两者的轨迹交叉。防止时空交叉的措施类似于能量转移论提出的隔离、屏蔽措施。另外,也有单纯防止空间交叉或时间交叉的防护措施。如繁华街道的人行过街天桥和地下通道(防止空间交叉)以及十字路口车辆、行人的交通指挥灯(防止时间交叉)。危险设备的连锁保险装置、电气维修中切断电源、挂牌、上锁、工作票制度也属防止时间交叉的措施。

② 控制人的不安全行为。控制人的不安全行为的目的是切断人和物两系列中人的不安全行为的形成系列。人的不安全行为在事故形成的原因中占重要位置,但人的行为是系统中最难控制的因素。人的失误概率比任何机械、电气、电子组件故障概率要大得多。因为人的失误是多方面的,所以,要从多方面入手来解决人的不安全行为的问题。概括起来,控制人的不安全行为的措施主要有:

——职业适应性选择。选择合格的职工以适应职业的要求。由于工作的类型不同,对职工素质的要求亦不同。在招工和作业人员的配备时就根据工作的要求认真考虑职工素质,特别是特殊工种应严格把关,避免因生理、心理素质的欠缺而发生工作失误。

——创造良好的工作环境。良好的工作环境,首先是良好的人际关系,积极向上的集体精神。创造融洽和谐的同事关系、上下级关系,使工作集体具有凝聚力,这样才能使职工心情舒畅地工作,积极主动地相互配合。为此,企业要实行民主管理,使职工参与管理,另外,要关心职工生活,解决职工实际困难,做好职工家属工作,形成重视安全的社会风气,以社会环境促进工作环境的改善。

良好的工作环境还应包括安全、舒适、卫生的工作环境。尽一切努力消除工作环境中的有害因素,使机械、设备、环境适合人的工作,使人适应工作环境。这就要按照人机工程的设计原则进行机械、设备、环境以及劳动负荷、劳动姿势、劳动方法的设计。

——加强教育与培训,提高职工的安全素质。实践证明,事故与职工的文化素质、专业技能和安全知识密切相关。因此,企业招工应根据我国普及教育的发展情况,提出对文化程度的具体要求;而且要对在职职工进行系统的继续教育,使他们进一步掌握必要的文化知识和专业知识。许多事故的原因分析中知识贫乏或无知占有相当比重,这是值得注意的问题。特别是安全教育和训练、入厂三级教育、特种作业人员教育、中层以上干部教育、全员教育、班组长教育、资格认证等安全教育制度,必须强调其有效性,使广大职工提高安全素质,减少不安全行为。这是一项根本性措施。

——健全管理体制,严格管理制度。加强安全管理是有效控制不安全行为的有力措施,加强管理必须有健全的组织、完善的制度,并严格贯彻执行。企业安全不仅仅是安全部门的事,而是企业全体职工的事。因此,企业安全管理应当采取"分级管理,分线负责"的体制,使安全组织体系在企业系统中"横向到边,纵向到底",层层把关,线线负责,形成全面安全管理的格局。加强安全管理必须有一整套完善的规章制度,坚持"三同时""五同时""三不放过"等行之有效的管理方法,加强事故管理,对事故及事故原因进行科学的调查、统计、分析、报告、归档等工作,掌握事故规律,从管理上控制职工的不安全行为。

③ 控制物的不安全状态。控制物的不安全状态主要从设计、制(建)造、使用、维修等方面消除不安全因素,创造本质安全条件。

工程设计包括工艺设计、产品设计和建筑设计等。工艺设计应考虑尽量排除或减少一切有毒、有害、易燃、易爆等不安全因素对人体的影响;产品设计应充分考虑产品的可靠性和安全性;建筑设计根据工艺要求,除考虑建筑物本身基础、结构的强度和稳定性及内装修的合理性以外,还要考虑生产和人员在安全方面的特殊要求。总之,工程设计要满足人机工程的设计要求和其他安全要求。制(建)造必须严格按照设计要求,使用合格的材料和工艺技术,在严格的技术监督下,并经过认真负责的质量检验才能投入使用。特别是新建、扩建、改建及新工艺、新产品、新技术项目必须经过"三同时"验收。

应严格按照设计规定的要求精心操作,坚持反对违章指挥、违章操作,特别要反对脱岗、睡岗、超负荷运转、任意拆除安全装置设施等不良行为。

维护和检修是保障机械设备正常运转的重要环节。因此,应坚持日常维护、检修制度,把物的不安全状态消灭在萌芽状态,减少因机械设备的缺陷引发的事故。

2.1.3 安全管理体系

随着社会化大生产的发展和机器的大规模使用,安全问题也日益突出。为了保障员工的安全和健康,进而保障企业的利益,很多企业开始加强安全管理,并结合企业各自的特点逐渐形成了一些系统的安全管理体系。其中影响力比较大的安全管理体系有杜邦安全管理体系、NOSA 五星管理系统、煤矿风险预控管理体系等。

(1)杜邦安全管理体系

有着 200 多年历史的杜邦公司安全事故率比工业平均值低 10 倍,杜邦员工在工作场所比在家里安全 10 倍。超过 60% 的工厂实现了"0"伤害率,杜邦每年因此而减少了数百万的美元支出。成绩的背后是杜邦 200 多年来形成的管理体系。

① 杜邦安全管理体系的管理理念。

——所有事故都是可以预防的。从高层到基层,都要有这样的信念,采取一切可能的办法防止、控制事故的发生。

——各级管理层对各自的安全直接负责。每个员工都是单位元素,只有每位员工对自己的安全负责,各级管理层都对安全负责,企业最高领导才能有信心说我对企业安全负责。

——所有安全操作隐患都是可以控制的。在生产过程中,所有的安全隐患都要有排查,有治理预案。

——安全是被雇佣的条件。在员工与杜邦的合同中明确写着,只要违反操作规程,随时会被解雇。每位员工参加工作的第一天就意识到这家公司是讲安全的。

——员工必须接受严格的安全培训。要求员工安全操作,就必须对员工进行严格的安全培训,要想尽可能的办法,对所有操作进行安全培训。

——各级主管必须进行安全检查。检查的目的是通过收集数据、了解信息,然后发现问题、解决问题。发现一个员工的不安全行为,不是批评,先分析好的方面在哪,然后通过交谈,了解这个员工为什么这么做,还要分析领导有什么责任;这样做的目的是,拉近距离,让员工谈出自己的想法,为什么会有这样的不安全行为,知道真正的原因在哪里,是这个员工不按操作规程做,安全意识不强,还是上级管理不够、重视不够。通过拉近距离,员工把安全想法反映到高层来,只有知道了不安全行为和因素,才能对整个安全管理提出规划、整改。如果不了解这些信息,抓安全是没有针对性的,不知道要抓什么;当然安全管理部门也要抓安全,重点是检查下属、同级管理人员有没有抓安全,效果如何,对这些人员的管理进行评估,让高层知道这些管理人员在这些岗位上对安全重视程度如何,为管理提供信息,这是两个不同层次的检查。

——发现安全隐患必须及时更正。在安全检查中会发现许多隐患,要分析隐患发生的原因是什么,哪些是可以当场解决的,哪些是需要不同层次的管理人员解决的,哪些是需要投入力量解决的。重要的是必须把发现的隐患加以整理、分类,知道这个部门主要的安全隐患是哪些,解决需要多少时间,不解决会造成多大风险。安全真正落到了实处,就有了目标。这是发现隐患必须予以更正的真正含义。

——工作外的安全和工作安全同样重要。公司也必须做好员工八小时工作以外的安全教育、培训、应急预案等,全方位地关心员工的安全。

——良好的安全就是一门好的生意。这是一种战略思想。如何看待安全投入,如果把安全投入放到对业务发展投入同样重要的位置考虑,就不会说这是成本,而是生意。这在理论上是一个概念,在实际上也是很重要的。

——员工的直接参与是关键。没有员工的参与,安全是空想。安全是全员的事,没有全员参与,安全就落不到实处。

② 杜邦公司的安全目标是:零伤害和零职业病;零环境损坏。

(2) NOSA 五星管理系统

NOSA 是南非国家职业安全协会(National Occupational Safety Association)的简称,成立于1951年4月11日。NOSA 五星管理系统是南非国家职业安全协会于1951年创建的一种科学、规范的职业安全卫生管理体系,现特指企业安全、健康、环保管理系统,其中文名称是"诺诚"。该系统是目前世界上具有重要影响并被广泛认可和采用的一种企业综合安全风险管理系统,它是专门针对人身安全而设计出来的一套比较完整的安全管理体系。

① NOSA 五星管理系统最基本的安全管理理念是:所有意外均可以避免;所有存在的危险皆可得到控制;对环境的影响可以降至最低;每项工作均顾及安全、健康、环保。

② NOSA 五星管理系统的目标:实现"零意外,零违章"。

③ NOSA 五星管理系统的指导思想:风险预控,持续改进。

④ NOSA 五星管理系统的组成。NOSA 五星管理系统包括五大部分:一是建筑物及厂房管理;二是机械、电器及个人安全防护;三是火灾风险及其他紧

急事故的管理;四是事故记录与调查;五是组织管理,这 5 大类共 72 个元素,涉及的项目基本涵盖了企业生产经营的所有活动内容。根据不同行业的要求,设置不同的要素,开发出了适用于电力、森林、航运、天然气等不同行业的五星管理版本。

(3) 煤矿风险预控管理体系

2005 年,面对我国煤矿安全生产的严峻形势,在国家煤矿安全监察局组织下,由神华集团出资、中国矿业大学牵头开展了煤矿风险预控管理体系研究。煤矿风险预控管理体系是吸收借鉴世界主要产煤国家的煤矿安全管理经验,结合我国煤矿生产的具体特点而形成的适用于我国煤矿的安全管理体系。

① 煤矿风险预控管理指导思想。坚持"安全第一、预防为主、综合治理"的方针,树立"生命至上、以人为本"的理念,加强安全基础管理,实施风险预控管理体系,从根本上提高安全管理水平,杜绝较大责任事故发生,实现安全生产形势的根本好转。

② 煤矿风险预控管理的含义。煤矿风险预控管理是指在一定的经济与技术条件下,在煤矿全生命周期过程(设计、建设、生产、扩建等)中对系统中已知规律的危险源进行预先辨识、评价、分级,进而对其进行消除、减小、控制,通过煤矿人员、机器设备、环境、管理(即"人、机、环、管")的最佳匹配,杜绝有人员伤亡的责任事故,使各类事故造成的损失降低到人们期望值和社会可接受水平的闭环风险管理过程。

煤矿风险预控管理体系是以切断事故发生的因果链为手段,以预控为核心,以危险源辨识和管理标准、管理措施为基础,以人员不安全行为的控制与管理为重点,更科学、更系统、更全面、更有效的安全管理体系。

③ 煤矿风险预控管理的目标。风险预控管理的目标是通过以预控为核心的、持续的、全面的、全过程的、全员参加的、闭环式的安全管理活动,在生产过程中做到人员无失误、设备无故障、系统无缺陷、管理无漏洞,进而实现人员、机器设备、环境、管理的风险预控,切断安全事故发生的因果链,最终实现杜绝已知规律的、酿成重大人员伤亡的煤矿生产事故发生的煤矿安全生产目标。

④ 煤矿风险预控管理体系定位。风险预控管理体系定位为:符合中国国情的,以切断事故发生的因果链为根本目标的,以预控为核心的,以危险源辨识和风险预控管理标准、管理措施为基础的,与传统安全管理相比更有效、更科学、更系统的管理,使我国煤矿安全状况得到根本改善,达到国际先进安全管理水平。

⑤ 煤矿风险预控管理体系组成。煤矿风险预控管理体系主要包括风险管理、人员不安全行为控制与管理、组织保障管理、煤矿风险预控管理评价和煤矿风险预控管理信息系统。

——风险管理。风险管理过程包括:危险源辨识、风险评估、管理标准与管理措施制定、危险源监测、风险预警、风险控制等。

危险源辨识是在煤矿安全事故机理分析的基础上,结合本企业实际的人员配备条件、机器装备条件、自然地质条件等,综合运用事故树分析法、安全检查表、问卷调查法、标准对照法以及工作任务分析等危险源辨识方法,系统地辨识存在于煤矿的危险源及其起因和后果。危险源辨识是煤矿风险预控管理的前提和基础,只有找到危险源才能确定管理对象,进而建立煤矿风险预控管理体系、管理标准体系,并制定相应的管理措施、政策和程序。风险预控管理要求煤矿建立煤矿危险源辨识的方法体系和明确煤矿危险源辨识的内容(如人的不安全因素危险源辨识、机器设备的不安全因素危险源辨识、环境的不安全因素危险源辨识、管理制度的不安全因素危险源辨识等)。

风险评估就是运用一定的方法来衡量风险发生的可能性及其可能造成的损失,此过程是对风险(也是对危险源)进行分级分类管理的过程,包括危险源的监测和监控。风险评估另外一层含义是根据动态信息检测对危险源的安全风险程度进行定量评价,以确定特定风险发生的可能性及损失的范围和程度,进而进行风险预警和预控。

管理标准和管理措施的制定过程中首先需要根据危险源辨识(风险识别)结果,提炼出具体的管理对象,通过管住管理对象来实现对危险源的控制。制定管理对象的管理标准和管理措施的目的是根据事故发生的机理,运用系统的方法,通过适当的管理标准和措施切断事故发生的因果链,从而将风险消除、降低或控制在可以承受的范围内。风险预控管理标准是处于安全状态的条件,是衡量管理人员安全管理工作是否合格的准绳,是管理工作应达到的最低要求。有了管理标准,还需要有相应的管理措施来进一步说明如何做从而达到要求,并且运用适当的方法使单位每名员工明确其职责权限及范围,它是员工安全行为的指南。风险预控管理要求管理标准和管理措施要全面覆盖煤矿的所有危险源。具体地,管理标准应做到"每一条已知规律的风险的产生原因,都应有相应的管理标准予以消除";管理措施应能够做到"只要员工按照管理措施要求,尽职尽责,每一条管理标准都能够得到落实"。

危险源监测是指煤矿在生产过程中对已辨识出的危险源进行监测、检查,并及时向管理部门反馈危险源动态信息的过程。

煤矿风险预警是指对煤矿生产过程中已经暴露或潜伏的各种危险源进行动态监测，并对其大小进行预期性评价，及时发出危险预警指示，使管理层可以及时采取相应措施的活动。

风险控制就是消除和控制危险源和隐患的活动。

——人员不安全行为控制与管理。人员不安全行为是一种危险源，本部分主要是根据人员不安全行为产生机理，对人员不安全行为进行分类管理，并制定相应的管理途径和控制方法。

——组织保障管理。组织保障是为了顺利实施煤矿风险预控管理体系，煤矿应该设立的组织机构、岗位职责、激励约束机制、人员准入和培训机制、安全文化体系等。

——煤矿风险预控管理评价。应对煤矿风险预控管理系统的运行情况进行监管，进行定期和不定期的评价和考核，以确保管理体系能够达到煤矿风险预控管理的要求。煤矿风险预控管理评价就是检验煤矿风险预控管理系统运行的效果，通过评价判别是否达到了煤矿风险预控管理的目标，找出煤矿风险预控管理存在的问题，并针对问题提出改进建议，不断完善风险预控管理系统，不断杜绝由于人为的、已知规律的、可控的因素而导致的事故，逐渐减少煤矿重大和特大事故的发生，实现煤矿管理长效安全。煤矿风险预控管理要求对监督、评价过程中发现的问题、缺陷及时向上级报告，相关部门应及时对管理体系进行改进、完善。

——煤矿风险预控管理信息系统。煤矿的各个层级都需要借助信息来识别、评估和应对安全风险。信息系统首先应搜集翔实的生产安全信息，包括危险源信息、风险程度信息、风险应对信息、生产作业信息、地质条件信息、环境信息、政策落实执行信息、管理系统运行信息、监管报告等。其次，应具有有效畅通的信息沟通渠道，保证信息传递的及时性、全面性、连续性、针对性。再次，信息系统要保证决策者能够及时获得决策所需的各类相关信息。最后，管理层与员工之间应具备上下交流的通畅渠道，以便于管理政策的全面贯彻及实施情况的及时准确反馈。

⑥ 煤矿风险预控管理体系手册。煤矿风险预控管理体系手册包括：管理手册、程序文件、考核评分标准、风险管理手册、风险管理标准与管理措施、员工不安全行为管理手册、管理制度汇编、安全文化建设实施手册。

管理手册是风险预控管理体系的纲领性文件。手册中要明确管理方针、目标,描述风险预控管理体系涉及的过程及其相互关系,明确风险预控管理体系总体框架及矿内各层次不同单位、部门的职责和权限。

程序文件是管理手册的支持性文件,适合矿属单位(部门)和相关单位、岗位和人员对各项事务的管理和运行控制,是有关职能部门使用的文件。各个管理程序运用 PDCA 的方法建立,规定了相应过程控制的目的、适用范围、职责、控制内容、方法和步骤。各管理程序必须符合实际运作的要求,保证各个过程功能的实现。

考核评分标准是检验风险预控管理体系运行效果、判别煤矿是否达到了风险预控管理体系总体要求的综合性评价标准。

风险管理手册主要运用工作任务分析法和事故机理分析法对危险源进行辨识,确定危险源可能产生的风险及后果,对危险源进行分级分类和监测预警。主要包含风险概述、工作任务风险管理、系统评估、重大危险源评估、危险源监测、预警、控制、升降级管理等内容。

风险管理标准与管理措施针对识别出的危险源,提取管理对象,制定相应的管理标准与管理措施对危险源进行控制,预防事故的发生。通过建立不同管理对象的管理标准与管理措施,指导员工的操作,确定相应人员的监督管理职责。

员工不安全行为管理手册通过对生产作业中员工可能出现的主要不安全行为进行梳理,根据不安全行为发生的机理以及行为痕迹、频次、风险等级的不同,制定有针对性的控制措施和相应的管理制度,细化行为纠正、奖罚考核等全过程管理,杜绝人的不安全行为,从而实现煤矿安全生产。

管理制度汇编涵盖风险预控管理、组织保障管理、员工不安全行为管理、生产系统安全要素管理和辅助管理等方面的内容,是矿井安全管理合法有序地运作及风险预控管理体系得以顺利实施的保障,适用于矿井的各级管理人员及广大员工使用。具体包括煤矿企业必须建立的管理制度、人员方面的管理制度、设备管理制度、激励与约束管理制度及辅助管理制度。

安全文化建设实施手册从观念文化、制度文化、行为文化、物态文化四方面明确了安全文化建设的内涵、结构、建设目标、内容与任务,明确了安全文化建设和实施的内容、流程、方法,是构建安全文化的指导性文件。

⑦ 煤矿风险预控管理体系的特点和作用。

——突出体现了实用性和普遍性的特点。

煤矿风险预控管理体系给出的是一整套解决问题的思路、方法和途径,适用于我国不同类型、不同规模煤矿的安全管理。例如体系给出了危险源辨识的思路和方法，而不是给出固定的危险源，因为各煤矿生产工艺不同，地质条件差异也很大，因此影响矿井安全生产的危险源也不同，各煤矿可以根据自身的实际情况辨识实际生产过程中的危险源，进而对其进行控制或消除。

煤矿风险预控管理体系能够解决煤矿安全管理中的突出问题。在煤矿风险预控管理体系建设和运行过程中，通过危险源辨识和管理对象的提炼，可以明确管理的对象；通过风险评估，可以明确管理的重点；通过危险源的监测和预警，可以明确管理的薄弱环节；通过标准和流程，可以明确管理的依据和途径；通过管理标准和管理措施的制定，可以使员工不仅知道工作应该如何做而且知道为什么要这样做，解决了落实不下去的问题；通过安全文化的引领，可以有效地促使员工由"要我安全"，向"我要安全、我会安全、我能安全"转变。

——体现了风险预控的思想。

煤矿风险预控管理体系通过全面、系统、具体地辨识危险源，并明确管理对象，制定有针对性的管理标准和管理措施，从源头解决隐患排查不彻底、管控对象和管控重点不明确的问题，实现了关口前移、超前预控。通过分析评估，确定危险等级，明确安全管理的重点。

——管理标准和措施具有很强的针对性和可操作性。

风险预控管理体系所涉及的管理标准和管理措施都是通过"自下而上，自上而下"的方法，由现场生产作业人员、技术人员及管理人员共同认定的，集中体现了"从实践中来，到实践中去"的特点，所以更具有针对性和可操作性，更易被员工学习和理解，使员工知道怎么干、管理人员知道怎么管，达到学有重点、干有标准、管有措施的目的。同时，现场员工、区队干部等不同层次人员积极参与危险源辨识以及管理标准和管理措施的制定过程，共同研究、共同辨识，保证制定出的标准和措施都能被员工理解和接受，从根本上解决操作人员的培训针对性不强以及严不起来、落实不下去的问题。

——通过危险源辨识和风险评估，可以增强员工的安全意识。

在风险评估过程中，不同岗位、不同层次的人员参与了危险源的辨识，通过贯标使全矿每个员工都知道本岗位的危险源是什么，怎么干才能控制和消除危险源，避免危险源造成严重后果，大大增强了员工的安全意识。这些安全管理体系都体现了风险预控的思想、体系理念和组成，为煤矿安全监管体系的构建奠定了理论基础。

2.2 我国煤矿安全监管的技术发展及其影响

煤矿安全监管技术的发展经历了三个阶段:传统的煤矿安全监管技术阶段、信息化技术阶段和物联网技术阶段。

2.2.1 传统煤矿安全监管技术及其局限性

(1)传统的煤矿安全监管技术的发展

传统的煤矿安全监管阶段主要依据法律法规、行政条例和相关政策,采用监管人员现场监察的方式对煤矿安全生产进行监管。因此,传统煤矿安全监管技术的发展就体现在煤矿安全监管体制、法律法规行政条例、煤矿安全监管方式等的发展完善方面。

煤矿安全监管体制方面,1949年第一次全国煤矿工作会议提出了"安全第一"的方针,设立了我国第一个煤矿安监机构燃料工业部(煤炭管理总局)安全监察处。1953年,燃料工业部增设技术安监局,初步形成了"行业管理、工会监督、劳动部门检查"的煤矿安全工作体系。1949—1978年间,党和政府高度重视安全生产工作,初步形成了煤矿安全监管体系。这个阶段我国处于计划经济时期,煤矿安全监管体制基本上是政企不分、生产职能与安全监管职能不分、安全监察与安全管理不分,政府部门既管生产抓经济效益又管安全,体现出一种"全能主义"的治理模式。1986年,正式形成"行业管理、国家监察、群众监督"的体制;1987年中共十三大召开后,企业向"独立法人"转变,安全监管体制又变迁为"企业负责、国家监察、行业管理、群众监督"的"四结合"结构。1993年,施行《中华人民共和国矿山安全法》是煤矿安全监管法治化的一个重要标志。1998年3月,国家行政机构改革中不再保留煤炭工业部,在国家经济贸易委员会下设国家煤炭工业局,力图把生产和贸易交给企业和市场,政府注重加强监管。煤炭生产与煤矿安全监管初步分离。2000年12月,在国家经济贸易委员会下设立国家安全生产管理局,与国家煤矿监察局是"一套人马、两块牌子",并逐步推进中央和地方的煤矿安全监察三级垂直管理体制。2002年颁布的《中华人民共和国安全生产法》,明确了政府安全监管体制,国家安全生产综合监管与各级政府有关职能部门专项监管相结合。2003年,撤销国家经济贸易委员会的同时,成立国务院安全生产委员会,国家安全生产监督管理局(国家煤矿安全监察局)成为国务院直属机构。2005年,国家安全生产监督管理局升格为总局(正部级),

成为国务院直属局；相应地，国家煤矿安全监察局升格为副部级单位，行使国家煤矿安全监察职能。2006年2月，成立国家安全生产应急救援指挥中心。经过一系列改革，我国煤矿安全监管形成了"国家监察、地方监管、企业负责"的基本格局。

煤矿安全监管法律法规、行政规章条例等方面，为了遏制煤矿安全生产事故，全国人民代表大会、国务院等颁布了安全生产法、矿山安全法、煤炭法、矿产资源法、矿山安全条例、矿山安全监察条例、安全生产许可证条例和国务院关于预防煤矿生产安全事故的特别规定等法律和行政法规。国家煤矿安全监察部门发布了《煤矿安全监察行政处罚办法》《煤矿安全生产基本条件规定》《煤矿企业安全生产许可证实施办法》等多部规章和大量通知、命令、决定等规范性文件。同时，其他有关部门和各级地方人民政府根据工作需要，制定了大量的地方性法规、行政规章和政策，成为煤矿安全监管有益的和必要的补充。

其中，1992年11月颁布的《中华人民共和国矿山安全法》，是第一部由全国人大常委会通过的以保障安全生产为目的的法律，明确了各级劳动行政主管部门对矿山安全生产工作进行统一监管的职责，规定了企业安全管理责任和矿山事故处理等内容。1996年12月起施行的《中华人民共和国煤炭法》是我国第一部关于加强煤炭行业管理的法律，专门就煤炭生产和煤矿安全问题作了规定，规定县级以上各级人民政府及其煤炭管理部门和其他有关部门应当加强煤矿企业安全生产工作的监督管理，明确了开办煤矿企业的条件和程序等。煤炭部又根据煤炭法先后颁布了《煤炭行政处罚办法》《开办煤矿企业审批办法》等部门规章。根据煤炭法、矿山安全法和《煤矿安全监察条例》制定的《煤矿安全规程》是我国煤矿安全管理方面最全面、最具体、最权威的一部基本规程，是国家有关法律和法规的具体化，是我国煤矿生产实践中成功经验和失败教训的总结，是用生命和鲜血换来的。

煤矿安全监管方式方面，主要通过现场检查的方式获取煤矿安全、生产、技术管理等方面的信息，分析、发现其中存在的问题和隐患。主要的安全监察工作方式有日常监察、重点监察、专项监察和定期监察。如：在元旦、春节、五一、十一、全国"两会"召开等重要时期，提前组织开展全方位的安全大检查；根据不同季节容易出现的隐患和问题，在季节到来之前，组织开展针对性的专项检查等。在这种监察方式下，一些单位习惯了听通知、做汇报的纸上谈兵，渐渐偏离了安全检查的初衷，把迎接检查定位在给上级部门留下好印象，把重点放在陪同接待上。2014年9月,国家安全生产监督管理总局建立并实施"四不两直"的安全生产暗查暗访制度,即不发通知、不打招呼、不听汇报、不用陪同接待,直奔基层、直插现场;主要以突击检查、随机抽查、回头看复查等方式进行;直奔基层,直插现场,才能让弊端直接暴露,真正提高安全监管的效果和效率。

(2)传统煤矿安全监管技术的局限性

煤矿安全监管体系的发展,形成了垂直管理的行政执法机构形式,加强了对煤矿安全的监察和执法力度,加大了对煤矿事故的调查分析和处理力度。煤矿安全监管法律法规的完善为煤矿安全监管提供了法律法规依据,明确了煤矿安全监管的职责、内容、方法方式。既强化了安全生产监督管理,又规范了生产经营单位的安全生产。对于遏制重特大事故的发生,促进经济发展和保持社会稳定,有着重要的现实意义和深远的历史意义。

传统煤矿安全现场检查的方式存在的局限性是对作业现场的监察只能是间断的、不连续的,看到的也是静止的、局部的情况。我国是世界煤炭生产与消费第一大国,煤矿数量众多,监管力量分散而不足,监管部门监督检查时往往选择自己熟悉的单位进行检查,经常出现对同一单位、同一隐患重复监察的情况,而且每次的检查内容、程序、重点千篇一律。对地域偏远、交通不便的单位却疏于监管,即使去一次也是走马观花,很难发现问题,更谈不上督促整改。同时,煤矿企业安全信息不规范,标准化程度低,共享度低,因此,煤矿安全监管不力、隐患发现处理不及时而导致的煤矿事故频发现象依然突出。

信息化技术的发展为提高煤矿自动化水平和信息技术水平,提升煤矿危险源的监管、监控力度,规范煤矿安全监管工作,提高监管效率,提供了强有力的现代化手段和支撑平台。

2.2.2　信息化技术的发展及其对煤矿安全监管的作用

(1)信息化技术的发展与应用

1994年4月20日,中关村地区教育与科研示范网络(NCFC)通过美国Sprint公司接入国际互联网(Internet)的64K国际专线开通,标志着我国正式全功能接入国际互联网。进入21世纪以后,计算机、网络、通信等现代化信息技术得到了前所未有的发展。从1994年中国首次全功能接入互联网到2017年底互联网普及率达到55.8%,我国的互联网基础设施建设经历了从无到有、从有到强的飞跃式发展。

在安全监管方面,国家安全生产监督管理总局成立后,先后实施了"国家安

43

全监管总局综合政务信息系统"、"国家安全监管总局视频会议系统"和"国家安全生产基础调度与统计系统"等建设项目,基本形成了基于互联网的外网、通过物理隔离和密码设备保障的总局机关内网和租用电信线路以视频会议为初期应用的资源专网,初步形成了符合国家电子政务"三网一库"建设格局的基础框架。各地部分安全监管监察机构基本上依托互联网建立了本地局域网,建立了一些基础性的资源数据库和应用系统。《安全生产"十一五"规划》指出,要"坚持安全第一、预防为主、综合治理""依靠科技进步,加大安全投入,建立安全生产长效机制,推动安全发展"。《安全生产"十一五"规划》规定,到2010年健全安全生产监管监察体系,初步形成规范完善的安全生产法治秩序,基本形成完善的安全生产法规标准体系、技术支撑体系、信息体系、培训体系、宣传教育体系和应急救援体系。为了完成安全生产"十一五"规划的主要任务,信息化是强有力的支撑手段和重要保障,因此将"安全生产信息系统建设工程"列为安全生产"十一五"规划的重点工程。《煤矿安全生产"十二五"规划》中明确指出:创新安全监察监管方式,以信息化建设为载体,提高监管效率,推进煤矿安全监察机构工作条件标准化建设,更新煤矿安全监察机构装备;将煤矿安全生产信息化建设纳入国家安全生产信息系统("金安")二期工程,建成覆盖煤矿安全监察和安全生产应急管理机构信息共享平台,充分利用煤矿企业安全生产实时监测信息,提升重大事故隐患和生产安全事故的预防预警、应急处置能力。2011年3月,《煤矿井下安全避险"六大系统"建设完善基本规范(试行)》发布,这一规范大大推进了煤炭安全生产信息化的进程。国家提出"十三五"时期全国安监系统行政监管工作全面完成危险隐患监控智能化、安全生产业务申报网络化、管理决策科学化、信息资源共享化以及日常行政工作无纸化,加快信息化和工业化深度有机结合,着力推动经济社会各领域信息化进程,确保到2020年实现全国安全生产形势发生彻底性的好转。

(2)信息化技术对煤矿安全监管的作用

① 实现安全信息的实时、全面、准确采集。通过信息化建设,建立煤矿安全管理信息系统,实现安全信息的实时监测和及时反馈,保证企业各级领导和主管部门及上级有关管理部门实时获取安全监察信息,并能够快速做出正确的抉择,有效降低事故发生率。

② 改变煤矿安全监管模式,实现实时监管。通过互联网、计算机通信、电子信息等现代技术支持,运用煤矿安全生产监管信息系统,创新煤矿安全监管执法新形势,强化执法手段,一方面,突破了传统的现场监管模式,实现"现场加远

程"双级安全监管;另一方面,通过搭建信息化监控平台,消除了监管空间和时间的限制,实现了安全监管现场定时巡检与远程视频同步管理相结合的方法,让煤矿整个生产管理过程实时受到监管,克服了监察人员现场监管的片面性和局限性。

③ 规范执法行为,提高监管效率。煤矿安全监管信息化体系建设可以客观、公正地评价基层安全监察管理机关的监管强度和努力程度,进而改进和加强煤矿安全监管工作的科学性、时效性,有效提高安全监管效率。煤矿安全监管信息系统的推广和应用,可以提升对下级监管机构和煤矿安全生产的监控,规范安全监管机构和安全生产单位的监管行为。

2.2.3　物联网技术的发展及其对煤矿安全监管的影响

(1) 物联网技术的发展与应用

物联网指的是将无处不在的末端设备和设施,包括具备"内在智能"的传感器、移动终端、工业系统、数控系统、家庭智能设施、视频监控系统等,以及"外在智能"的,如贴上 RFID(电子标签)的各种资产、携带无线终端的个人与车辆等等"智能化物件或动物"或"智能尘埃",通过各种无线和/或有线的长距离和/或短距离通信网络实现互联互通、应用大集成以及基于云计算的 SaaS(软件即服务)营运等模式,在内网、专网和/或互联网环境下,采用适当的信息安全保障机制,提供安全可控乃至个性化的实时在线监测、定位追溯、报警联动、调度指挥、预案管理、远程控制、安全防范、远程维保、在线升级、统计报表、决策支持、领导桌面等管理和服务功能,实现对"万物"的"高效、节能、安全、环保"的"管、控、营"一体化。

诞生于 1999 年的物联网技术,2005 年得到普及,2009 年得到大力发展。物联网这个词是 MIT Auto-ID 中心的 Ashton 教授 1999 年在研究 RFID 时最早提出来的。物联网最初的研发方向是条形码、RFID 等技术在商业零售、物流领域的应用,而随着 RFID、传感器技术、近程通信以及计算技术等的发展,近年来在美、欧、日、韩等的研发、应用领域不断拓展,已经广泛应用于环境监测、生物医疗、智能基础设施等领域。无线传感器网络技术联盟 ZigBee 也具有较广泛的影响力。物联网在智能家居、工业监测和医疗健康护理等方面的应用可通过 ZigBee 技术实现。2003 年 5 月,该联盟发布了 IEEE802.15.4 的物理层、MAC 层及数据链路层标准,为物联网的广泛使用奠定了标准基础。在 2005 年国际电信联盟(ITU)发布的同名报告中,物联网的定义和范围已经发生了变化,覆盖范围有了较大的拓展,不再只是指基于 RFID 技术的物联网。

2009 年 10 月,在以色列成立了传感器网络国际标准工作组,进一步推动了物联网的发展。比较有代表性的是日渐成熟的 RFID 标准。当前主要的 RFID 规范有欧美的 EPC 规范、日本的 UID 规范和 ISO18000 系列标准。其中 ISO 标准主要定义标签和阅读器之间互操作的空中接口。2009 年,奥巴马就任美国总统之后,提出了建设"智慧地球"的概念;2009 年,欧盟提出了《欧盟物联网行动计划》,希望通过构建新型物联网管理框架,让欧洲引领世界物联网发展;日本于 2004 年提出"U-Japan"战略;韩国也于 2009 年 10 月通过了《物联网基础设施构建基本规划》。

2009 年 8 月 7 日,温家宝在参观中科院无锡高新微纳传感网工程技术研发中心时提出"在传感网发展中,要早一点谋划未来,早一点攻破核心技术,抢占传感网技术和产业制高点",并且明确要求尽快建立中国的传感信息中心,或者叫"感知中国"中心。

在我国,自 2009 年 8 月温家宝提出"感知中国"以来,物联网被正式列为我国国家五大新兴战略性产业之一,写入政府工作报告,物联网在中国受到了全社会极大的关注。

其实,早在 1999 年中科院就启动了传感网的研究,建立了一些适用的传感网,并在一些特定的行业中推广应用。物联网应用方面的关键技术仍集中在传感器和信息传输方面。其中 RFID 作为物联网中发展相对较为成熟的接入技术,在国内得到了广泛应用。目前,在电力行业、交通行业、物流行业、金融行业和家居行业中,RFID 技术都已有应用。

另外,物联网传感网络技术也日益成熟,2010 年在上海成功举办的世界博览会,园区的防入侵系统就成功应用了物联网传感网络技术。同时,上海浦东国际机场防入侵系统、中国移动的"动物溯源系统"和中科院微系统所的无线传感网通信系统都应用了物联网传感网络技术。目前,中科院无锡高新微纳传感网工程技术研发中心建立的"感知中国"中心涵盖了产、学、研、生活配套的空间布局,主要由传感网创新园、传感网产业园、传感网信息服务园、传感网大学科技园组成,加快了传感网技术创新平台建设,引领了传感网前沿技术,推进了传感网产业化。同时,作为江苏省物联网产业发展重要配套基地,昆山传感器产业基地的建成,进一步推动了物联网的普及和应用。

在应用方面,物联网把新一代信息技术充分运用在各行各业之中,具体地说,就是把感应器嵌入和装备到电网、铁路、桥梁、隧道、公路、建筑、供水系统、大坝、油气管道等各种物体中,然后将物联网与现有的互联网整合起来,实现人类社会与物理系统的整合。在这个整合的网络当中,存在能力超级强大的中心计算机群,能够对整合网络内的人员、机器、设备和基础设施实施实时的管理和控制。在此基础上,人类可以以更加精细和动态的方式管理生产和生活,达到"智慧"状态,包括智能电网、智能交通、智能物流、智能医疗、智能家居等,提高资源利用率和生产力水平,改善人与自然间的关系。

2012年2月14日,我国第一个物联网五年规划——《物联网"十二五"发展规划》由工业和信息化部颁布。在"十二五"时期,我国在物联网关键技术研发、应用示范推广、产业协调发展和政策环境建设等方面取得了显著成效,与发达国家保持同步,成为全球物联网发展最为活跃的地区之一。"十三五"时期,我国经济发展进入新常态,创新是引领发展的第一动力,促进物联网、大数据等新技术、新业态广泛应用,培育壮大新动能成为国家战略。物联网进入了跨界融合、集成创新和规模化发展的新阶段,在智能制造、智慧农业、智能家居、智能交通和车联网、智慧医疗和健康养老、智能节能环保等方面都有了长足的发展。当前我国正在推进工业4.0,工业物联网技术得到了快速发展。基于物联网技术可将工业生产过程中的数据采集、数据通信以及数据分析等融入生产的不同环节,极大提升了工业生产的质量和效率,使工业生产成本大幅度降低。

在我国,物联网技术在煤矿安全管理中的应用也受到了国家的重视。为促进这一技术在煤矿生产领域的推广,2010年,"智慧矿山"概念从发达国家传入我国,随即在我国矿业界引起极大震动。2012年3月,由国家发改委支持、国家安全生产监督管理总局组织、以神华集团和中煤能源集团为试点单位的煤矿安全生产物联网技术应用示范工程总体建设方案通过了专家评审。物联网技术在煤矿企业的应用为煤矿安全生产和有效监督管理带来了契机。监管部门可以通过物联网实时了解企业动态,有效监督安全生产工作。2012年8月,安徽煤监局建成基于物联网的煤矿远程安全监察与事故应急处置系统,并通过验收。该系统利用物联网、云计算等技术,实现了智能化识别、定位、监控,实现"人与人""物与物""人与物"之间的协同作业、智能管理。2012年,陕煤化集团红柳林矿建成了国内首个智能化采煤工作面,初步实现了"工作面有人巡视、无人操作"的工作模式。

2016年,国土资源部发布《全国矿产资源规划(2016—2020年)》,明确提出要大力发展"互联网＋矿业"。山东煤监局依托"互联网＋"打造"智慧煤监",大力推进行政办公信息化建设,将原办公系统、行政审批和监察执法等系统深度融合,并在使用过程中不断完善。2016年,该局对办公系统进行了自动化升级和功能扩展,具备了移动办公功能,可随时随地通过互联网登录系统;同时,开发手机应用模块,可在手机上批阅文件、处理办公业务,重要事项实行网上督办、销号,能够对文件、事项等督办工作进行网上创建、下发和收回,督办事项下发后,能够实现手机短信提醒以及工作进展网上查询、督办结果网上督查,保证督办工作及时开展,提高了行政办公效率,实现了局内部门单位信息的互联互通。

2018年5月1日,国家标准《智慧矿山信息系统通用技术规范》(GB/T 34679—2017)正式颁布实施,标志着我国智能化矿山建设已开始真正落地。2018年3月,世界首套8.8米超大采高智能工作面、国内首个数字矿山示范矿井和世界首个智能煤矿地面区域控制指挥中心,在国家能源集团神东煤炭集团上湾煤矿建成投运。这也是我国高端采煤装备国产化进程中的一项重要突破。

2019年年初,国家煤矿安全监察局发布《煤矿机器人重点研发目录》,明确将大力推动煤矿现场作业的少人化和无人化。相关规划明确,到2020年,我国将建成100个初级智能化示范煤矿,2025年全部大型煤矿基本实现智能化。

目前,国内各大矿区都在推进智能化采煤工作面建设:兖矿集团成功研发1米以下薄煤层自动化安全高效开采成套技术装备与生产工艺;山东能源枣庄矿业集团的11个采煤工作面、陕煤化集团黄陵矿业公司所属4对矿井全部实施了智能化开采,形成了薄煤层、中厚煤层到厚煤层智能化开采的全覆盖。据统计,我国煤炭行业已经建成了100多个智能化采煤工作面,实现了地面一键启动、井下有人巡视、无人值守。

在国家的大力推动和支持下,物联网技术在煤矿安全生产和监管中已经得到了大力的推广和应用,并取得了明显的效果。

(2)物联网技术对煤矿安全监管的影响

具有智能化识别、定位、跟踪等特点的物联网技术,为煤矿企业安全生产提供了保障,也为提高安监部门有效监管能力提供了便利条件。利用物联网全面感知、可靠传递和智能处理等特性,能够实现煤矿企业安全生产相关的基础信息准确、可靠、及时地收集与传递,解决生产过程中安全信息不畅、监管不力、隐患发现不及时和应急处理中相关信息缺失等问题,进而保障煤矿安全生产。

煤矿的安全生产和监管是一个复杂的系统工程,其中既包括煤矿的领导(决策者)、煤矿工人、监管者、政府等多个主体,又包括煤矿从进料到出料的各个生产环节。物联网在煤矿安全监管中的应用可以依据其体系架构分为感知层、网络层和应用层,如图 2-9 所示。

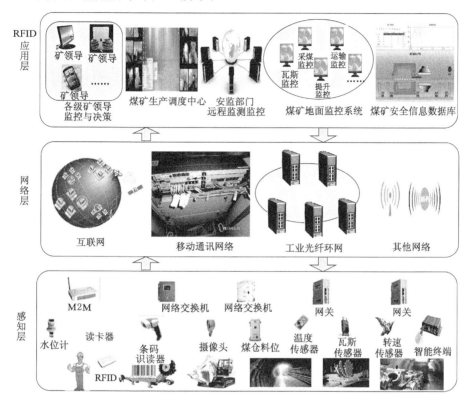

图 2-9 煤矿安全生产和监管物联网体系架构

感知层位于煤矿安全监管物联网的底层,其主要功能是基础信息的感知与采集,通过 RFID 标签读写器、摄像机、传感器等设备感知和采集煤矿环境、机器设备、人员等方面的安全基础信息,例如风速、风量、温度、有害气体浓度、转速、振动、电压、电流、锚杆压力、烟雾、皮带打滑、煤仓料位、水位、人员位置等信息。网络层位于煤矿安全监管物联网的中间层,其主要功能是处理和传递感知层获取的信息,并将信息分类传输到各个部门。应用层位于物联网的顶层,是物联网和用户的接口,煤矿各级安监部门、煤矿各级领导、煤矿各生产部门的负责人以及煤矿各岗位的员工都能通过网络随时查看自己职责和权限范围内的安全生产信息。

基于这一煤矿物联网体系,物联网在煤矿安全生产和监管中的作用主要体现在如下几个方面:

① 实现煤矿危险源的实时、准确感知与监测,降低事故发生的概率。

煤矿采用物联网技术后,通过各种感知设备,能够不受人为因素的影响,不受时间、空间的限制,实现对机器设备、环境的连续不间断监测,及时准确地感知和监测各危险源的状态,并在危险源发生异常时及时报警,同时在关键部位的摄像头装置也在一定程度上减少了人员不安全行为的发生,降低了事故发生的概率。

② 通过网络层实现安全信息的及时准确传递,提高煤矿各级领导的决策效率。煤矿采用物联网技术后,安全基础信息通过网络及时传递到各个部门和各级领导。煤矿的各级领导可以随时监管煤矿井下各危险源的状态,发现问题及时决策解决,提高了决策效率,及时消除安全隐患,降低事故发生的概率。

③ 提升煤矿安监部门有效监管的能力。

煤矿物联网系统中将各机器设备、环境、人员等信息进行了标准化,这样就降低了对各级监管人员专业素质方面的要求,而且采用物联网技术后,安监部门大部分安全监管可以在办公室通过互联网实现,这样就大大缓解了我国煤矿安全监管中监管人员配置不足和监管人员整体素质较低等突出问题,提升了煤矿安监部门有效监管的能力。

④ 降低煤矿安全运营成本,促进煤矿严格执行安全规程。

煤矿采用物联网技术,提高了煤矿自动化水平,降低了机器故障率,延长了机器设备的维修保养周期,减少各岗位人员需求,相应地也减少了人的不安全行为,降低了对煤矿安检的要求,从而降低了严格执行安全规程的成本,降低了吨煤成本,提高了效率。

由此可见,物联网技术对于提升煤矿的安全生产水平和煤矿安监部门的安全监管能力都是大有裨益的。

本章小结

本章对危险、危险源、事故、隐患、风险、监管等煤矿安全监管的概念进行了分析,并对它们之间的关系进行了辨析;对主要的煤矿安全事故致因理论和几种典型的安全管理理论的理念、目标、组成等进行了梳理;对煤矿安全监管技术的发展及其对煤矿安全监管的影响进行了分析。

3 物联网环境下的煤矿安全监管组织体系

　　煤矿安全监管制度反映煤矿安全监管的价值判断和价值取向,表现为由国家或国家机关所建立的具有正式形式和强制性的规范体系,由安全监管体制和安全监管运行机制两部分组成。其中,安全监管体制反映安全监管的具体表现形式和实施形式,是有关安全监管组织形式的制度;安全监管运行机制反映煤矿安全监管制度系统内部各要素的运行规则、行为模式和办事程序规则,用以保障实现煤矿安全监管的功能。

　　我国煤矿安全监管体制经过了一段时期的发展,已形成"国家监察、地方监管、企业负责"的煤矿安全工作格局。国家煤矿安全监察部门与地方煤矿安全监管部门共同承担对煤矿企业安全的监督管理工作,同时,国家煤矿安全监察部门有权监察地方监管部门的执法情况并提出改进意见。

　　目前的煤矿安全监管体制存在机构重叠、职能交叉、权责不清、监管简单重复、立法不完备等诸多问题。一方面,物联网技术的应用促进了煤矿安全监管信息的适时获取与处理,有利于对煤矿安全的动态监管与预测预警;另一方面,物联网下安全信息的使用、管理缺乏规范化和制度化。同时,物联网应用对煤矿安全监管的方式、渠道和监管内容产生巨大影响,对煤矿安全监管体制、机制提出了新的要求。构建物联网背景下的煤矿安全监管体系、改进煤矿安全监管绩效,是煤矿安全监管工作的基础,也是物联网信息时代对煤矿安全监管的需要。2020 年 3 月,由国家发展改革委等 8 部委研究制定的《关于加快煤矿智能化发展的指导意见》明确提出,实现重大危险源智能感知与预警,以数字化、网络化、智能化为方向,探索建立国家级煤矿信息大数据分析与共享交换平台,同步推进网络安全和煤矿智能化发展。这为物联网和云系统下的煤矿安全监管指明了方向。建立和物联网技术体系相适应的煤矿安全监管组织结构和运行机制,研究采取物联网技术、云技术和大数据技术下的煤矿安全监管方式,是新时代对煤矿安全工作的要求。

3.1 物联网技术促进煤矿安全监管体系的变革

3.1.1 传统煤矿安全监管体系的不足

煤矿安全行政监察,指国家煤矿安全监察机构对于地方政府的煤矿安全监管行为进行监督、检查、指导、建议的行政行为。煤矿安全行政监管,指负有煤矿安全监督管理职责的国家机关及其工作人员,依法监督管理煤矿企业遵守煤矿安全法律法规的行为。根据规定,国家煤矿安全监察机构既享有对地方政府的煤矿安全行政监察权,也享有对煤矿企业的煤矿安全行政监管权。传统煤矿安全监管体系基本结构如图 3-1 所示。

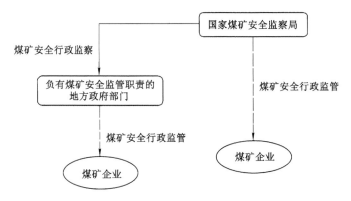

图 3-1 传统煤矿安全监管体系基本结构

(1)传统煤矿安全监管体系在组织结构上的突出问题

① 多头管理的煤矿安全监管监察制度导致机构重叠、职能交叉、权责不清,导致煤监局和地方主管部门重复执法与煤矿安全监管盲区两类情况同时存在。② "重监察,轻监管"的模式导致监管职权职责严重背离。③ "重监察,轻监管"的模式弱化了地方监管部门的监管能力,监管力量分散,无法形成监管监察合力。

(2)传统煤矿安全监管体系在运行机制上的突出问题

① 煤矿安全信息不对称性下多头管理机构难以协调,导致重复执法、过度执法和监管盲区同时存在;② 职权职责不明导致监管主体难以积极监管,责任推诿现象严重;③ 多头管理的监管模式导致监管的断点化和不连续,难以全方

位全过程监管监察(时空不连续)。

(3)传统煤矿安全监管体系在监管方式上的主要问题

以执法监管人员为主的现场监管方式极度依赖于监管人员的监管专业性和责任心,执法人员考核机制不健全就会导致煤矿风险和隐患排查难以做到全面彻底。现场执法监管模式也难以到达一些人力无法达到的领域,煤矿安全管理的动态、复杂特点客观上要求更科学和智能的监管模式。

煤矿安全监管监察的发展和管理现状表明当前监管监察模式中存在诸多问题。对监管部门而言,要提高监管效率和效果,需要做到:权责的定位要求更明晰、细致;监管信息更透明、实时;安全控制更准确;各监管部门的协调性更高;监管任务分配更合理,监管跟踪数据处理更及时。随着物联网技术的发展,传统安全监管信息传递机制中信息延滞、失真的问题有望得到有效解决。设置合理的监管组织结构,明晰监管机构职责,强化主体责任,构建物联网下多层次全方位多方参与协同管控的监管模式成为可能和必须。

3.1.2 物联网应用带来的煤矿安全监管的变化

物联网环境下的传感器、传感网等像人体的神经末梢,分布在煤矿生产的各个环节中,为煤矿企业提取了大量的安全数据,包括人员定位数据、设备隐患数据、环境监测数据等。物联网环境下,通过云交互数据管道和云存储来处理海量数据,形成云系统。云系统不仅是一个煤矿的地质、生产、监控、事故数据系统,同时也包含其他煤矿安全数据,比如包括煤矿的安全数据、监管执法数据和文件等,形成一个共性和特性均有据可查的海量学习、监管监测资源。不同监管机构分别从云平台获取所需安全数据进行监管决策,如图 3-2 所示。

物联网环境下监管的主要改变,在于对煤矿安全信息的获取、管理和应用。具体表现为:

① 安全信息更及时、充分、准确。物联网改变了信息获取的方式,由对危险源的感知获取安全信息。通过物联网可以获取更全面、实时和关键的数据。全面、关键安全数据的可感知性、可获取性和可传递性为远程监管提供了技术基础,深刻改变了监管方式和监管流程,使远程监管成为可能。传感器技术带来安全新数据在安全因素关键指标获取上的突破性,突破难以获取的安全数据瓶颈,如人的不安全行为数据的获取,更细致全面的水文监测数据的获取等。

② 安全信息的云共享和应用对监管机构的运行机制产生深刻影响。第一,安全信息的多层级共享,解决了信息不对称下的单独监管、重复监管和过度监

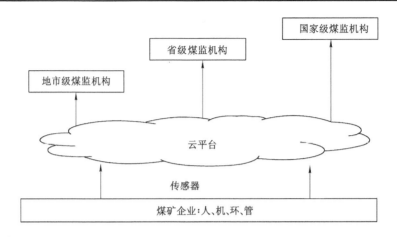

图 3-2　物联网环境下煤矿企业安全监管示意图

管的问题,各层级监管机构在安全数据上"各取所需",多主体分层分级监管成为可能。第二,解决了传统模式下的运行机制的信息孤岛问题,云系统为各级监管主体乃至监管对象提供了沟通和协调通道,使组织机构运行机制的多主体协同监管成为可能。

③ 安全大数据使监管方式发生本质变化。精准化监管和柔性监管的新监管方式成为可能,监管内容更易实时获取并进行有效分析。在数据应用上,通过数据云,煤矿安全数据信息、监管机构执法信息在煤矿及各监管层级之间共享,各监管层级可充分挖掘海量数据中隐含的规律和知识。依托大数据应用的数据挖掘和人工智能,风险预测预警和隐患排查上更为精准和柔性。

3.1.3　物联网应用对煤矿安全监管体系提出的新要求

基于传统煤矿安全监管体系存在的弊病和物联网技术在监管方式、监管内容和部门协调、决策技术上带来的新变化,煤矿安全体制要作相应的调整和改进,以适应物联网技术环境下的监管新常态。

(1) 对煤矿安全监管组织结构的要求

① 鉴于物联网在安全监管、部门协调、科学预警决策上的重要性,设置物联网信息中心服务于各部门决策非常有必要。

② 物联网环境下,仍然需要继续对传统体制机制存在的弊端予以改进和规避。一是提高监管机构的独立性。独立的监管机构可以割断煤矿企业和地方政府的利益关联,更公正、客观、公平地行使监管职责,也摆脱了监察部门虽然

是独立机构,却处在监管部门的"地头",难以监管的局面。二是克服多头指挥、监管的弊端,有利于责权对等,有利于协调,可以杜绝多部门监管的简单、重复监管现象。从物联网的角度,信息的统一处理、调配和管理也需要权责明晰。监管监察两套系统"合二为一",能从根本上提高独立性和克服多头指挥的弊端,还有利于监管力量集中,减少资源浪费。

（2）对煤矿安全监管运行机制的要求

在运行机制上,应充分发挥物联网下安全数据共享、云层级互通和大数据智能应用的特点。

① 充分利用安全数据的可获取性,可以构建适用不同监管层级的"信息共享,各取所需,层层监管,各司其职"的煤矿安全数据应用管理机制。

如图 3-2 所示,不同监管层级和不同监管部门均可以从云平台获取相关安全数据。根据不同监管层级的职责和权限,对安全数据的分级管理成为可能和必须。各层级监管部门获取相应安全数据,既可以通过物联网系统进行信息的可视化以及全方位监管,也可以根据安全数据做相应的监管决策,实现不同层级的监管工作。

② 利用物联网信息平台,多主体监管部门乃至煤矿企业安全管理部门的协同沟通机制成为可能和必须。

由于监管任务的分工和监管层级、监管机构的差异,需要在多主体监管机构中建立协调沟通机制和协同监管机制。物联网信息平台在信息沟通和协调上的内在优势为多主体协同提供了必要的技术支持。机制设计的制度支持和物联网技术支持联合才能更好地起作用,发挥协同的效果。对煤矿"人、机、环、管"的各个监管部门的监管任务的协调,网络监管和现场监管的不同监管方式的协调,对监管、执法以及包括外联单位的监管过程的一致性和闭环性进行协调,均需通过监管机制形成制度。

物联网对煤矿安全信息的导向是双向的,这就决定了物联网同时对危险源信息的监管和正向监管信息（如安全教育信息）的双向流通产生作用,煤矿安全监管体制应能体现和保障这种信息流转和管理机制。

③ 充分利用大数据和人工智能在监管中的风险预警和隐患排查作用。一方面,对危险源和隐患的安全数据的物联网管理需要规范;另一方面,通过大数据,把数据挖掘和智能预警通过机制设计的方式逐步纳入风险预警机制,形成智能化风险预测和预警。

（3）对煤矿安全监管方式的改进要求

① 在监管方式上,利用物联网感知煤矿安全数据,通过云网络进行信息传递,实现现场监管和远程监管的结合,这要求监管部门设计相应的监管方式和监管流程。

② 在监管内容上,包括对网上煤矿安全信息的监控以及对现场安全信息的监控。物联网环境下,煤矿安全信息可以分为两类:必须到现场监管获取的安全信息和无须到现场即可获取的安全信息,后者可以分为实时监控信息和静态信息。煤矿安全信息技术的使用效果既依赖于信息技术,又依赖于采集信息的可信度。不仅要对上网的和不上网的危险源进行不同监督,而且要对上网信息的真实性进行监管。

③ 利用大数据技术对煤矿企业的安全管理水平和风险隐患进行动态评估,从而实现差异化、精准化管理。

物联网技术下煤矿安全监管的内容、监管方式发生了重要的变化,煤矿安全监管的工作机制发生了根本变化。数据监管、信息监管成为煤矿安全监管的主要手段。相应地,各级监管部门基于物联网的职责分工和组织结构发生了变化,需要安全监管体系结构和运作机制相应改变,以适应新形势下监管机构对煤矿安全生产过程的全面感知和动态协同控制,提高煤矿安全监管绩效。

物联网介入煤矿安全监管系统后,煤矿各级监管者实质上需要通过物联网建立一个"信息共享,各取所需,层层监管,各司其职"的监管体系。通过物联网,把煤矿企业安全生产的各项静态或数据适时和实时传入物联网系统,各级监管部门的监管数据也及时在物联网上备案,不同层级的监管者通过物联网对相应安全数据或监管数据进行分析、挖掘、处理,及时形成反馈意见,并通过物联网在监管各层间实现监管协同和沟通。

3.2 物联网环境下的煤矿安全监管组织结构

基于物联网的煤矿安全监管机构的设计应该基于两点:一是在原有煤矿监管体系的弊病改进完善的基础上进行设计,二是针对物联网环境下煤矿安全监管工作的特点进行设计。我国多头监管组织结构下暴露出来的弊病和国外煤矿安全管理的经验都表明,煤矿安全监管体制需体现:① 煤矿安全监管体制的独立性。② 围绕一个核心机构组建煤矿安全监管职能共同体,组建成一个多职能、多层次的煤矿安全监管职能共同体。在这一体系之中,核心的监管机构独立于其他机构,并有权力也有义务去监督指导其他机构,或协同其他机构共同应对煤矿安全问题。③ 充分利用现代信息技术,发挥物联网、互联网与大数据技术的优势,建立现代技术意义上的煤矿安全监管体制。

3.2.1 煤矿安全监管组织结构设计原则

（1）遵循组织结构设计的基本原理

按照组织结构设计的基本原理,遵从纵向负责与横向分工以及分工协作的基本思想进行组织结构设计。

鉴于目前的"国家监察、地方监管、企业负责"的煤矿安全监管体系暴露出的多头管理下的机构重叠、职能交叉、权责不清、地方保护主义、安全监管缺失的弊病,煤矿安全监管体制的设计应该在权责对等、独立性以及协调性方面有所改进。

（2）基于我国煤矿生产安全管理特性

煤矿生产是以动态方式进行的,矿井具有作业环境恶劣、作业空间狭小、设施设备繁多、地质条件复杂等特点,这种动态的生产方式受到作业环境、地质条件、作业位置以及员工心理等多种因素的影响和制约。安全生产事关员工生命、健康与煤矿企业经济效益,煤矿安全生产的复杂性、动态性与重要性要求安全监管的出发点在于提高煤矿企业的安全风险管理水平,促进煤矿企业安全管理,保障煤矿企业安全生产。因此,煤矿安全监管组织结构的设计要反映"预防为主"的根本方针,针对煤矿企业安全管理的规律和特点,有效设计监管组织结构、监管流程和监管方式。

"人、机、环、管"是涉及煤矿安全的基本因素,瓦斯是引发安全事故最主要的危险源,"三违"是安全事故多发的最主要原因。安全监管组织结构的设计要考虑这些煤矿安全管理的特点,合理进行监管分工和监管闭环管理。

另外,我国煤矿数量众多,但监管力量相对分散不足,难以实现煤矿安全的日常性监督检查,在组织设计时应充分考虑监管力量与煤矿监管任务的匹配。

（3）充分发挥物联网在安全监管中的作用

煤炭企业生产环境复杂,危险源众多,隐患发现处理不及时是导致煤矿安全事故发生的重要因素。煤矿安全生产应该以及时、准确的基础信息为基础。煤矿企业信息不规范,标准化程度低,物流和信息流相互割裂,造成了安全信息不系统、不准确,信息传递渠道不畅通,信息反馈不及时,致使隐患信息发现不准确、处理不及时,最终导致安全事故的发生。具有智能化识别、定位、跟踪等特点的物联网技术,有利于解决生产过程中隐患发现不及时和应急处理中相关信息缺失等问题,可以为安全监管提供可靠、及时的基础信息,切实保障生产安全。

以物联网信息管理系统为手段,通过安全信息采集、分析、处理和反馈为安全监管提供准确、可靠、及时的安全基础信息,从根本上解决安全信息不畅、监管依据不足、监管执行不到位等问题,建立完善、有效的煤矿安全监管体系。

因此,监管组织机构设计应发挥物联网的安全信息采集、分析、处理和反馈的安全监管新方式,从监管任务分工和监管信息沟通的角度重新调整和完善组织结构设计。

(4)基于监管对象和监管内容的差异进行分工的原则

我国煤矿数量众多,安全基础条件、生产规模、安全管理水平差距很大。对于有完善的安全管理组织机构,相对完善的安全技术与设备,丰富的安全管理经验以及严格的安全管理制度的煤矿,可以提供服务性的监管。一些煤矿则由于各类安全条件的不足,比如资金和力量上的不足,在安全技术投入、安全管理制度建设上存在根本性缺陷,需要更为严格的监管。

3.2.2 煤矿安全监管组织结构设计内容

根据煤矿安全生产的特点,针对不同的煤矿企业,立足于物联网环境,遵循组织结构设计的基本原理,组织结构应该以纵向权力与负责、横向监管任务分工以及组织机构的沟通协作为主要内容进行设计。

(1)垂直独立的纵向组织结构设计

设立中央—省—地市三级或四级垂直安全监管机构,同时保持监管体系的独立性。煤矿安全监管体系的独立性体现在三个方面:一是与其他行业的安全监管独立,为煤矿安全监管设立专门的监管机构。二是煤矿安全监管的核心机构与地方独立。煤矿安全监管的核心机构都是中央机构,在地方设立分局或办事处,实行垂直管理。三是煤矿安全监管与煤炭行业管理相对独立,确保煤矿安全监管机构的相对独立性。

构建监察机构和地方监管机构合二为一的独立监管体系组织结构,克服了现有多头监管的职权职责不明、难以协调、监管力量分散和监管任务简单重复的弊病;监管监察合二为一,可以增强监管力量。基于物联网的煤矿安全监管纵向组织结构图如图3-3所示。

独立垂直的监管机构能有效解决目前监管体制存在的突出问题。长期以来,监管人员少、监管力量弱是煤矿监管的现状,多个部门合作能形成合力,增

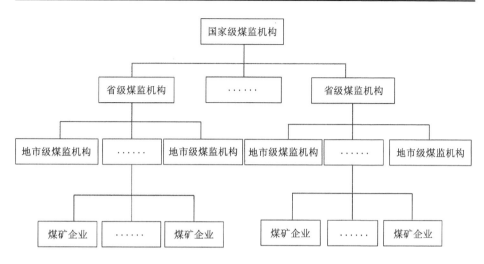

图 3-3　基于物联网的煤矿安全监管纵向组织结构图

强监管力量。监管监察合二为一,有利于统一指挥,统一安排,沟通协调高效;
有利于安全监管的系统安排、系统评估;有利于职责和职权配置,权责对等,不
再会出现争权而不担责的情况。监管监察合二为一,有利于杜绝多部门监管的
简单、重复监管现象,减少资源浪费。垂直、独立的监管组织结构更利于各级部
门的责任负责和追责机制。

（2）基于物联网的组织结构横向分工及协作设计

横向煤矿监管组织机构设置更多体现了机构对监管任务的分工和协作,需
要针对煤矿安全生产和煤矿安全监管的特点进行设计,同时考虑物联网在监管
中的分工作用进行设计。根据煤矿的各级监管者的差异,监管的基本分工结构
如图 3-4 和图 3-5 所示。

煤矿企业是完全管理的第一责任人,负责煤矿的安全管理。无论是省煤监
机构,还是地市煤监单位,监管机构的职责都是完善煤矿企业的安全管理制度,
督促煤矿企业的安全投入、安全计划制订和安全计划实施与控制。物联网不仅
丰富了监管方式,也在部门协作间发挥巨大作用,影响监管流程,因此在监管任
务的分工和协作的横向组织结构设计中,物联网引起分工协作方式的变化进而
需要改进组织结构,与新的工作环境和方式相适应。具体说来:① 在监管任务
分工上,既要体现对煤矿基层监管组织结构(直接针对监管对象的层级)的设
计,又要体现煤矿安全重要性和煤矿安全影响因素分类在煤矿安全监管层级上
的反映,还要体现物联网的信息监管和部门协调作用。② 基于安全监管的作

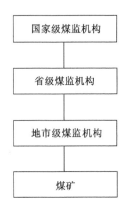

图 3-4 监管纵向分工

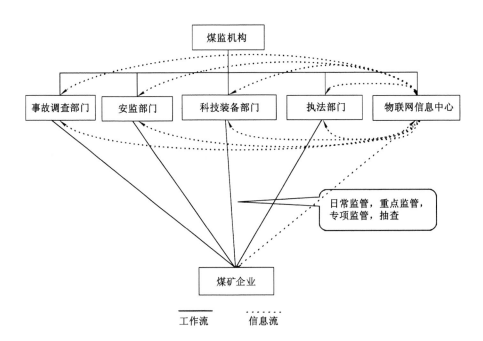

图 3-5 基于物联网的煤矿安全监管横向组织分工结构设计

用,要体现监管对煤矿安全预警的适当干预功能。③ 组织结构设计上应该体现出监管工作内容和监管重点的差异。

煤矿安全监管方式是日常监管和重点监管、专项监管相结合。监管内容是对煤矿企业的"人、机、环、管"进行全方位监管;科技装备部门和安监部门分别负责设备的重点监管以及瓦斯监控、日常监管;执法处则对煤矿企业的安全惩处和整改的落实负责,形成突出安全管理重点、全方位、闭环的安全监管体系。

进一步考虑物联网在监管中的作用,对组织结构再调整,组织上下层级、平级之间需要信息共享、协调沟通。同时,物联网的存在不仅有利于监管方对被监管方的监控,也有利于监管组织内部的协调。因此,设计物联网下合适的信息流转和协调机制,是发挥组织结构功能的重要一环。考虑到物联网在煤矿安全监管中的重要性,有必要设置安全信息监管处,负责对煤矿传入的安全信息进行管理,同时负责把相关信息报送相关部门。安全信息监管处不是直线部门,没有发命令的权力,但有收集各项安全信息的权力,同时对主管部门负责。

3.3　物联网环境下的煤矿安全监管机制

机制,指一个工作系统的组织或组织部分之间相互作用的过程和方式。组织内各种因素相互联系、相互作用,要保证各项工作的目标和任务真正实现,必须建立一套协调、灵活、高效的运行机制。

煤矿安全监管运行机制,就是与煤矿安全监管工作正常运行有关的各部分(地方政府、煤矿企业、煤矿安全监管部门等)之间的相互关系和相互作用的方式。建立煤矿安全监管的运行机制,强调的是煤矿安全监管的各组成部分之间处于何种关系以及如何相互作用。要厘清煤矿安全监管各部分之间的关系,首先理顺煤矿安全监管主体的职责,其次明确煤矿安全监管主体之间的关系,这是建立煤矿安全监管有效运行机制的前提条件。

物联网从根本上影响了煤矿安全监管模式,从而对煤矿安全监管组织结构产生相应要求。同时,物联网对煤矿安全信息的导向是双向的,这就决定了物联网同时对危险源信息的监管和正向监管信息(如安全教育信息)的双向流通产生作用,煤矿安全监管体制应能体现和保障这种信息流转和管理机制。基于物联网的煤矿安全监管机制的核心是基于安全信息的监管,围绕安全数据和监管数据,通过数据收集、分析、处理和反馈,分层分级,协同监管。

3.3.1　煤矿安全监管机制设计原则

基于物联网的煤矿安全监管系统的运作机制必须以煤矿安全信息的获取、分析、应用为基础,分清不同监管对象的监管需求、监管内容和监管目的,同时注意监管系统内部的运作协同。

（1）信息共享和分层分级管理原则

基于物联网的监管系统用物联网技术收集煤矿企业的实时、及时安全信息以及静态安全信息，同时监管层的监管数据也纳入物联网监管系统。各部门、各层级监管者通过物联网系统进行信息的可视化以及全方位监管。同时，根据不同监管层级和不同监管部门的职责差异，不同的监管主体通过信息分层分级的原则，获取自己需要的信息，并通过相应的信息处理方式，实现不同层级的监管。

（2）信息化监管原则

煤矿企业对煤矿内部安全信息进行收集、分析、处理，通过物联网建立隐患排查＋风险评价＋风险预警的闭环安全管理系统。省煤矿监管通过对煤矿企业核心安全数据的分析以及对全省煤矿企业数据的挖掘分析，一方面实现对煤矿企业的风险预警，完成煤矿企业监管工作，另一方面以全省安全数据的统计分析为基础，制定全省范围内的安全规章和指引政策。国家煤监部门则对全国煤矿的关键安全数据进行监控分析，同时对煤矿企业的海量数据进行大数据管理，制定全国范围内的煤矿企业安全管理政策、安全监管计划。

（3）基于物联网的监管系统协同原则

煤矿安全监管机构是多层级、多主体的共同监管工作模式。基于监管任务和监管主体的差异，多层次、多主体监管机构的协调沟通机制和协同监管机制非常重要。物联网信息云平台为多主体协同提供了必要的技术支持，基于云平台的安全信息管理，设计多主体协同机制是提高监管效率的核心保障。

对于监管任务的分工，比如对煤矿"人、机、环、管"的各个监管部门的监管任务的协调，基于网络监管和现场监察的监管方式的协调，对监管、执法以及包括外联单位的监管过程的一致性和闭环性进行协调，均需通过监管机制形成制度，通过物联网云平台在监管组织机构间建立协调关系和协调方式。

同时，不同层级的监管者通过物联网共享安全数据，并对监管措施、监管政策在各监管层级进行协同处理；而且，通过物联网，每个层级的监管者均可以对煤矿企业实施直接监管。

3.3.2 煤矿安全监管组织机制设计

对煤矿安全监管而言，通过物联网可以对煤矿复杂环境下的人员、机器、设备和基础设施实施更加实时有效的网络监管和协同控制。各级监管部门利用物联网进行煤矿监管监察,通过云系统进行数据收集、数据分析、数据预警,为各级监管部门提供决策依据。

(1)煤矿安全信息共享和分层分级监管机制

从纵向看,各级煤矿安全监管机构通过对煤矿不同安全信息数据的获取,形成煤矿安全信息自上而下的分级分层管理,上级行政部门通过物联网云平台进行信息反馈和监管命令发布工作。从横向看,每层监管主体通过对煤矿安全数据的获取、分析和处理,建立每个层级的监管职能工作流程和体系。从整体看,煤矿安全监管系统在纵向和横向之间建立一个无边界的信息交流和协同机制,从而形成一个"信息共享,各取所需,层层监管,各司其职"的煤矿安全监管体系。

最终,在物联网监管模式下,煤矿企业实现对"人、机、环、管"的实时管理和实时预警;省市煤矿安全监管部门对煤矿企业实现实时监管、日常监管、重点监管和专项监管;国家和省市层面不仅对重要危险源实施实时监管,同时对海量安全数据进行数据挖掘和分析,运用大数据技术为煤矿安全管理决策提供数据和技术支持。

煤矿安全数据的信息分享与分层分级管理如图 3-6 所示。

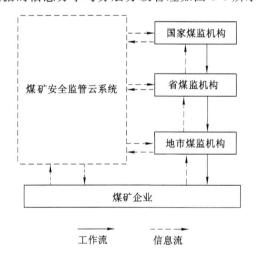

图 3-6　煤矿安全数据的信息分享与分层分级管理

(2)煤矿安全信息化监管机制

立足于对煤矿企业"人、机、环、管"的全方位监管,按风险防控的过程,煤矿企业和各级煤矿安全监管部门通过对煤矿企业安全信息的收集、信息监控、信息处理,对煤矿安全进行管理和监管,形成以完善煤矿安全风险管控体系为主要目的的闭环监管机制。

① 以风险预警与隐患排查为核心的安全信息监管机制。

煤矿基层监管单位针对危险源收集相关信息,将危险源实时安全数据通过物联网接入云系统,并按照风险的形成机理进行数据分析,运用物联网系统的安全分析程序在系统内进行安全分析和风险预警。煤矿基层监管单位对安全隐患对照本质安全标准进行排查,形成物联网隐患排查机制,建立基于物联网的监管—反馈—整改落实的闭环监管机制,如图 3-7 所示。

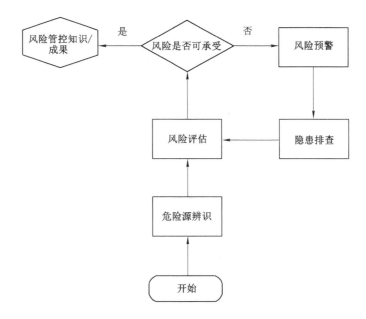

图 3-7 基于物联网的煤矿企业风险预警与安全管理

通过物联网系统,基层煤矿安全监管部门实现了对危险源的监管与隐患排查管理:

——井下作业人员的网络化巡查。第一,井下作业人员精确定位、自动识别监管。通过接入煤矿井下人员定位系统,实时查看煤矿井下作业人员的数量、各个采区分布作业人员情况,是否存在超定员现象。第二,井下作业人员培训资质监管。通过井下人员定位系统,随机抽查井下作业人员的基本信息,查看作业人员是否具有岗前培训、考核信息,瓦斯检查员、安全检查员、电钳工、爆破工、绞车司机、采煤机司机、水泵操作工等特殊作业人员是否具有作业资格证书。

——作业环境的网络化巡查。第一,瓦斯监测信息监管。通过智能传感器、光纤传输网络,接入煤矿安全监控系统,对煤矿瓦斯监测信息进行适时抽查,查看煤矿瓦斯超限值、持续时长、采取措施等信息,为制订监管执法计划以及督促煤矿加强瓦斯超前隐患排查治理提供依据。第二,井下采掘工程平面图监管。定期采集煤矿采掘工程平面图,随时掌握煤矿井下开采情况,为监督煤矿超层越界开采、开展现场监管执法提供参考依据。

——矿用设备的网络化巡查。通过物联网技术,实现煤矿掘进机、采煤机、刮板输送机、带式输送机、提升机、电机车、胶轮车、通风机、水泵、压风机、移动变电站等大型机电设备使用、维护全过程的跟踪监管,对在用设备的检测检验信息进行核查,督促煤矿加强对矿用设备的检测检验和日常维护,消除运行过程中存在的安全隐患,保障矿用设备安全可靠运行。

——网络化巡查执法处理机制。第一,应急预案的网络化监管。针对煤矿报送的应急救援预案,对应急预案的机构设置、灾害救援流程、救护装备管理进行检查;针对存在问题,及时反馈煤矿修改完善。第二,隐患排查治理的网络化监管。针对煤矿报送的安全隐患信息,远程跟踪监管整改落实过程,结合现场检查,更加高效而真实地掌握隐患整改情况;对整改不力、无明显效果的,提出处理意见。

② 分层信息监管机制。

不同层级的监管区域和安全监管重点以及监管反馈不一样,以监管区域为对象,每个监管主体在数据库中抽取、筛选相关数据进行数据分析、处理,形成煤矿企业风险预警、对下一层级监管者的监管建议以及区域安全政策和规章制度。例如,省级监管者监管的对象是全省范围内的煤矿,监管方式是重点监管,监管系统不仅要对市场监管机构和煤矿企业进行监管,同时以数据统计分析为基础,制定全省范围内的煤矿安全政策。各级煤矿安全监管工作机制如图3-8所示。

(3)基于物联网的监管系统协调机制

① 基层监管系统协同运作机制。

基于物联网的煤矿监管协调主要体现在两方面,一是监管部门在实施监管任务的时候进行协调,以更全面细致地掌握煤矿企业安全状况,主要包括对煤矿“人、机、环、管”的各个监管部门的协调,网络监管和现场监管的协调;二是对监管、执法以及包括外联单位的监管过程的一致性和闭环性进行协调。前者从监管任务和监管方式进行协调,后者对监管流程进行协调。

——监管部门间在监管任务分工基础上的协调。对于煤矿安全监管的瓦斯防治处、设备物资管理处、煤监处,通过物联网共享基础安全数据和动态安全

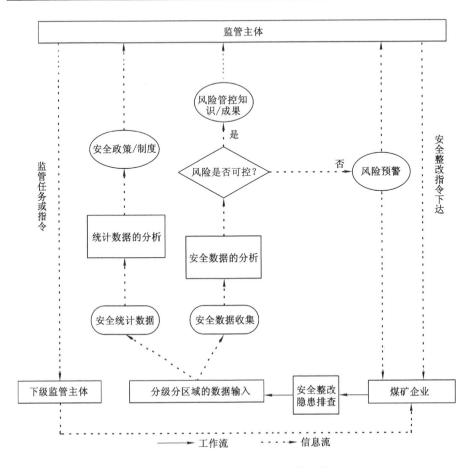

图 3-8　各级煤矿安全监管工作机制

数据,既可以从总体上把握煤矿安全形势,也可以动态性地定位煤矿安全动态,形成综合安全数据,对煤矿安全进行预警。

　　——网络监管和现场监管的协调。各监管机构对通过物联网中心获取的静态和动态安全数据进行监管,在现场检查时也可通过 4G/5G 或移动 Wifi 等结合网络巡查数据全面掌握煤矿安全信息,进行更充分有效的监管。

　　——监管过程的协调一致。煤矿企业发生安全事故的一个重要原因是煤矿企业带病生产,在检查出问题之后并未整改落实,以致酿成安全事故。因此,监管之后的执法、跟踪处理结果,甚至可以联系外协单位共同执法,比如说停水停电等。通过监管、执法、跟踪、落实,形成一个完整的闭环。

　　② 各层级监管主体监管协调机制。

——不同监管主体关于安全监管决策数据的协调。不同的监管主体监管对象不一样,监管区域不一样,监管重点不一样,监管目标及层次不一样,因此,监管的数据基础不一样。物联网通过对煤矿数据的层层筛选,过滤出符合不同监管层级需要的安全数据,同时针对监管区域的差异增减数据,实现不同层级对安全监管决策数据的全面、及时和有效性要求。

——不同监管主体的监管措施协调。不同监管层通过对收集的目标数据进行分析,形成监管决策并进行执法。基层监管部门对煤矿企业的安全数据进行直接监管,一方面可以对煤矿企业的安全态势进行预警,另一方面直接对煤矿企业的安全管理提出意见建议和整改措施。省级安全监管部门对煤矿企业和下级监管部门同时实施数据监管,同时基于大数据分析出台省级煤矿安全生产政策和措施。国家级煤监机构对全国煤矿安全数据中的关键数据进行直接监管和风险预警,对省、市、煤矿企业实施监管;同时以大数据分析为基础,形成全国范围内的监管执法依据、政策规章和管理制度建议,并通过物联网达到层层监管和风险直接预警的目标。

各级监管部门通过物联网反馈协同监管煤矿企业并形成层层监管的煤矿安全管理格局。

3.4 物联网环境下的煤矿安全监管方式

安全监管监察工作涵盖日常监督检查、监管执法、安全准入管理、督促隐患排查整改、信息分析发布等。传统监管模式以文案审批、现场监管为主,监管手段落后,存在时空不连续、以经验评判为主、精准度差、行政资源消耗大、效能低等问题。以 2018 年为例,各级煤矿安全监管监察机构,累计检查煤矿 15.9 万矿次,查处事故隐患 90.9 万条(其中重大隐患 1559 条),平均每次检查发现事故隐患发现不足 6 项,重大隐患发现率仅为 0.01 项。

随着物联网、云技术的发展,综合利用物联网、大数据、云计算、移动互联与人工智能多种技术手段,突破信息采集可信保障、重大风险与违章自动识别、移动互联执法等关键技术,煤矿安全监管技术和手段取得根本性突破。采集数据可信、风险辨识及时、态势预判准确、现场执法精准,实现"循数管控、分级监管、预防执法"的监管模式,建立区域安全态势预警指标体系及模型、安全管控云平台,使监管工作更为精准,主体责任更为明晰,构建多层次全方位多方参与协同管控的煤矿安全监管监察新模式与技术体系成为可能。

和传统监管方式相比,物联网环境下的煤矿安全监管具有如下特点。

① 安全信息更及时、准确、可靠,监管要素信息的收集更有时效性、真实性,监管范围更广。物联网技术下,物联网传感器及时感知对于煤矿安全有着非常直接和即时影响的有效安全数据,比如井下员工数量及员工周围的环境、关键设备运行稳定性变化的趋势和各个作业空间的通风量及气体浓度变化等,并通过网络将信息传输、储存于云平台,提高了信息的及时性、准确性和可信度。

② 安全监管更科学。采用物联网技术综合监测煤矿各个关键数据的动态变化,实时掌控煤矿的安全生产状态,根据综合信息做出合理安全监管决策,使得安全监管更加科学。

③ 安全监管更高效。当运用煤矿物联网以后,将煤矿安全信息实时输入云平台,各监管机构和部门都可以直观地监测到煤炭企业的安全生产状况,可以减少煤矿安全监察监管机构的设置,控制安全监管所带来的成本,也使得安全监管更为高效。

各级监察监管机构虽然执法主体、地位、职责不同,但执法对象、目的、方法都完全一致。物联网背景下,为避免各级监管机构重复执法,构建多方参与协同管控模式,分阶段分层次分步骤,根据不同步骤的管理目标、管理内容、管理方法设置相应的管理人员,构建多层次多方位的煤矿安全监管监察信息系统和统一执法平台。

3.4.1 分类分级的差异化和精准化监管

物联网和大数据技术为煤矿企业的分类分级、差异化和精准化管理提供信息技术支持和协同沟通手段。监管机构利用物联网上传的安全数据信息,对煤矿企业及安全隐患分级分类,实施精准化和差异化监控监管。

(1) 分类监管和差异化监管

分类监管就是根据安全程度将煤矿分为不同的类别,采取不同的监察时间、监察次数,将监管力量向灾害大、易发事故的重点区域、重点煤矿倾斜,优化监管资源配置,实施差异化、精准化的安全监管。

差异化监管的前提是对煤矿安全等级进行科学分类分级。采用定性与定量相结合的方式,通过云平台和安全信息系统、企业数据,综合考虑煤矿的灾害程度和安全状况等因素,即煤矿安全管理、灾害程度、生产布局、装备工艺、安全诚信、安全生产标准化建设、人员素质及生产建设状态等,对企业安全信用度进行动态、科学评判,根据煤矿企业的信用度设置不同的监管等级。

在科学分类的基础上,实施煤矿 ABCD 动态分类监管,推进精准执法,提高监管效能。对不同安全级别的煤矿,采取不同的监管方式与监管内容。比如,将煤矿分为 A、B、C、D 等不同类别,A 类煤矿为安全保障程度较高的煤矿,B 类煤矿为安全保障程度一般的煤矿,C 类煤矿为安全保障程度较低的煤矿,D 类煤矿为长期停产停建煤矿。根据煤矿安全程度类别的不同,综合考虑 A、B、C、D 四类煤矿的比例,以及各级煤矿安全监管部门的人员力量,合理确定监督检查频次,编制年度执法计划,采取不同的监管时间、监管次数。比如,对 A 类煤矿实行服务指导,对 B 类煤矿实行日常监管,对 C 类煤矿实行重点监管,对 D 类煤矿实行巡查盯守,包括电力部门停限电、公安部门停供火工品等。在执法检查频次上,贯彻分类监管要求,对不同安全类别的煤矿实施不同的检查频次。

(2)风险和隐患分级分类管理

按照危险源、风险和隐患的重要程度,对其进行分类分级管理,针对风险管控资源、管控能力、管控措施的复杂及难易程度进行动态、差异化监管,确定不同管控层级和管控方式。建立风险和隐患分级基础上的协同监管,从监管上明晰、落实不同风险监管的主体责任,并形成相应的监管方式。物联网环境下,矿井重大风险与违章自动辨识、区域风险态势智能分析与预警等关键技术有助于隐患识别、风险动态评估和预测预警,在风险分类分级管理上要充分利用信息技术和智能预测预警技术。

针对不同级别的隐患,设置不同的监管方法与监管者,执法前查询该企业所有执法信息,执法后及时上传执法信息。在执法方式上,煤矿安全监管监察执法部门通过物联网、大数据等技术,加强现场监测技术,提高企业自检能力;企业上传自检信息,监管机构通过现场设备监测信息以及企业自检信息做出执法决策。风险识别与隐患排查实现实时动态监管,减少监管员现场监管次数,减少重复监管,提高效率。

3.4.2 基于安全数据共享的多主体协同监管

煤矿安全监管领域的过度执法、重复执法以及监管缺失的现象,根源在于监管机构的单独行动。煤矿安全监管专业人员数量及力量有限,重复执法增加了执法成本,降低了执法效率,煤矿安全监管中的运动式行政执法模式增加了监管部门和煤矿企业的成本。

物联网、云监管模式下的安全信息共享和沟通协同机制有助于构建煤矿安全监管的多主体协同监管模式。大数据共享模式弥补了煤矿安全监管中的信息缺失，构建起合理高效的煤矿安全监管体系。监管机构通过大数据共享减少直接规制行为的运用，进而降低监管成本，提高监管效果。基于"云"的物联网煤矿安全沟通模式一方面可以协调监管流程，另一方面可以协调监管方式、监管频次、监管方法和执法方式，为多主体协同监管提供可靠的解决方案。

（1）建立煤矿安全大数据共享制度

基于煤矿安全监管中大数据共享的特殊性，应当坚持法律先行，构建煤矿安全监管中大数据共享法律制度。安全监管系统的大数据从主体看应该来自两个方面。一是煤矿安全监管主体的基本数据信息。① 监管机构部门的职能、管辖范围、职责分工等数据信息。② 煤矿安全监管主体的内部政务数据，包括与煤矿安全监管有关的政府内部沟通、办事程序等数据信息。③ 煤矿安全监管的相关法律、政策等数据。④ 矿山安全监管的相关执法数据，包括行政主体在煤矿安全监管中收集到的相关数据资源以及对执法过程的信息记录等。二是煤矿企业安全大数据。① 煤矿企业在安全监管中的大数据共享内容应当包括：煤矿工作环境数据，包括煤矿地质条件状况，氧气、瓦斯等气体浓度。② 矿压与顶板状况等直接涉及煤矿安全生产的相关工作环境数据。③ 煤矿设备数据，包括煤矿工作设备、安全设备、配套设施的运行状态参数、工况数据、维护保养记录等数据。④ 煤矿人员数据，包括煤矿工作人员的基本信息、身体健康状况、技术水平等个人信息，以及工作时长、人员定位等煤矿工作人员在作业过程中涉及的相关数据。

建立煤矿安全大数据，在大数据基础上实现"动态数据可用""工作流程可溯""风险隐患可控""调度指挥可视""管理形势可判"的煤矿安全数据监管，也为煤矿企业分类分级管理提供数据和信息支持。

（2）基于云系统的多主体协同监管

煤矿多方监管机构通过煤矿安全云平台，实现资源共享、信息共享、技术共享，构建多方参与协同管控模式。建立物联网云系统下多方参与协同管控模式，分阶段、分层次、分步骤，根据不同的监管目标、监管内容、监管方法设置相应的监管人员，并建立监管统一执法平台。① 构建多层次多方位的煤矿安全监管监察信息系统。通过信息系统数据分析技术，得出企业信用度和煤矿企业的安全隐患分级，根据煤矿企业的信用度和隐患级别，设置不同的监察方法与监察者，执法前查询该企业所有执法信息，执法后及时上传执法信息。② 统筹开展综合协同监管。科学制定监管监察计划次数,提出开展计划监管工作的检查要求和质量要求,最大限度减少和降低人力成本和时间成本,提高监管的效率。③ 各级监管机构协同计划既联合又相对独立,把日常监管、专项监管和重点监管业务工作进行有机结合,科学安排,减少重复工作。

（3）现场监管和远程监管相结合的监管模式

通过物联网和云平台,各级监管部门使用计算机及各类终端查看各类监测监控数据、煤矿安全生产基础数据、图纸、资料等。各级监管机构可以获取更全面、实时和关键的安全数据,实现远程安全监管。物联网环境下,远程监管正逐渐成为常规和主要的监管手段,把基层监管执法人员从日常性事务工作中解放出来。

实现远程监管首先要建立信息技术基础上的监管监察可信安全数据链,实现物联网远程监管的可行性和可靠性。① 煤矿安全数据的自动采集。结合传感器感知数据,利用图文自动识别、大数据技术,实现非结构化、半结构化数据的自动采集。② 煤矿地下安全数据的监测和动态采集。基于实时嵌入系统、多制式信号汇集技术,通过协议特征匹配实现定向抓取与聚合分析,实现煤矿井下设备精确定位。③ 数据动态采集可信度量分析系统。采用粗糙集理论等,对时空范围内的高维度信息进行统一数学描述和规范化处理,对监管监察信息的空间位置一致性和时间关联性进行评估和排序,构建数据可信度量分析模型。

其次,远程监管还体现在执法建设、风险管控、监测监控技术等方面。从执法层面,基于移动互联网、云服务技术的煤矿安全监管监察信息化执法平台,对人的不安全行为、物的不安全状态以及环境因素进行有效监测预警。结合监管工作实际需要,利用无线通信技术、工作流技术、移动定位技术等,建设能够提供日常管理、现场取证、企业信息查询、案件管理等服务的执法系统。从风险管控层面,大数据、云计算和移动互联网可以为风险分级管控与隐患排查治理工作建立隐患排查治理知识库、开发安全生产隐患排查治理终端系统。

物联网、移动设备等信息技术下的远程监管和现场监管可以互为补充。对地下资源开发采用感知物联网等技术的监测体系,可以实现多方联动和远程会商。远程监管可以供不同层级的监管机构使用,成为高效、精准、低成本的重要监管方式。现场和远程监管的结合既是充分利用信息技术的结果,也能够从不同角度和层次相互补充,形成全时空连续监管方式。

3.4.3 预防为主、智能预警的柔性监管模式

物联网环境下可实现煤矿安全柔性监管。以预防为主,以技术信息为手段,以风险的"管"和"控"为核心,集成监管资源,分工合作,分权协作,形成整体功能的模式形态。

基于物联网的煤矿安全监管监察,综合利用物联网、大数据、云计算、移动互联与人工智能多种技术手段,突破煤矿安全信息采集可信保障、重大风险与违章自动识别、移动互联执法等关键技术,建立区域安全态势预警指标体系及模型、安全管控云平台,构建采集数据可信、风险辨识及时、态势预判准确、以预防为主的智能监管预警的柔性监管模式。

(1)多源多态重大风险的智能感知与自动预警模式

感知重大风险与违章自动辨识,可以起到预防与防范重特大事故发生的关键作用。基于矿图重构与监测监控数据,矿端视频监控系统可以实现违章行为自动判别;基于矿井生产与防灾技术指标的关联分析,利用生产防灾系统合规性评判模型,实现超层越界等重大隐患在线自动识别。建立通风隐患识别方法与规则库,基于通风巡检和通风监测数据进行风网动态智能解算,实现通风系统重大隐患识别与通风系统可靠性评估。研究矿井多源信息实时关联分析处理框架,建立数据驱动的矿井风险动态综合评判模型,开发基于一张图的风险智能分析应用软件。

(2)基于大数据的区域安全态势智能预警

区域态势风险智能预警是指导监管精准执法的重要依据。采用粗糙集等理论,利用多粒度等表示方法,可以建立区域安全态势大数据的多粒度知识表达模型,形成预处理技术。首先,采用事故致因分析方法,建立多级区域安全态势风险基准指标体系,包括区域煤矿固有自然特性、矿井布局及采掘条件、矿井重大风险与违章识别、事故数据分析、宏观技术经济政策等方面。其次,采用关联规则、决策树等机器学习算法研究安全大数据的时空演变特征,揭示区域煤矿安全风险大数据特征及变化规律,建立演变指标体系;然后,以预警效果为导向,研究指标进化算法和指标体系解释与评价方法,构建动态预警指标体系。以事故致因和数据驱动相结合的"基准—演变—动态"三阶段逐级递进的动态分析指标体系为基础,研究区域煤矿安全态势分析和预警的机器学习算法,形成柔性预警模型,开发预警系统,实现不同区域的瓦斯、水、火、顶板、机电、运输等事故风险态势分级预警。

（3）开发智能预警技术终端

以支持利用多维挖掘、场景推演、分级协同执法的安全管控云平台构建技术，建立安全管控云平台，汇聚信息和监管业务应用。建立监管资源交互数据标准，构建统一数据交互信息目录模型，研究基于深度学习的协同推荐分级交互机制，利用数据中间件技术，实现跨区域多层级的信息交互。开发具备生产过程远程监管、隐患违章在线分析、安全风险信息动态发布、执法任务精准推送等功能的面向地方与国家的煤矿安全风险管控融合应用软件。

基于物联网技术环境，考虑到物联网环境下的监管方式和监管方法的不同，从监管流程入手，对煤矿安全组织结构及运行制度进行重新设计，使之符合组织结构设置、安全管理和信息管理处置原则。当然，监管工作的高效运作还需要法律法规以及技术投入层面的保障。

本章小结

基于物联网的煤矿安全监管体系的设计应该基于三点：一是在原有的煤矿监管体系的弊病基础上进行改进，完善设计；二是针对物联网环境下煤矿安全监管工作的特点进行设计；三是充分利用物联网技术在信息技术、风险管控上的独特优势进行设计。基于物联网技术，对煤矿安全的监管模式、机构设置、运行机制进行系统设计。设计的煤矿安全监管组织结构在权责对等、独立性以及协调性方面有显著优势。在管理运行机制上，充分体现数据监管和多主体协同的物联网应用优势和特点，围绕安全数据和监管数据，通过数据收集、分析、处理和反馈，分层分级协同监管。在监管方式上，利用物联网技术开展精准监管、差异化监管、协同监管和柔性监管。

4 物联网环境下的煤矿安全监管指标体系

煤矿安全监管工作的主要任务之一是全过程掌握煤矿安全风险态势及其变化情况,全方位判断煤矿安全的各个环节,全成员监督煤矿生产主体各项责任的落实情况。为了科学履行上述任务,有效遏制煤矿重特大事故发生,各级煤矿安全监管监察部门必须能够对煤矿安全风险态势进行动态的记录、监测和评估,掌握准确、客观和科学的数据,同时应在数据分析和应用的基础上进一步揭示各被监管煤矿安全风险的变化趋势,实现面向未来预测的监管。鉴于此,一套科学有效的煤矿安全监管指标构架成了整个安全监管体系中的非常重要的组成之一。在物联网环境下,面向未来的安全监管工作建立在对现有数据的及时监测、监控的基础上。无论是哪一种监管信息的加工、处理、传输和最终的解读研判,都需要一套准确判断信息(或数据)的种类和来源的方案构架指导,即构建一套适用于物联网环境特点的安全监管指标体系。

长期以来,随着我国煤炭安全监管工作不断深入强化,各级安全监管部门包括直接涉及安全生产的一线部门,在安全监管指标体系建设方面也取得了丰富的现实经验和广泛的理论成果。然而,传统的煤炭监控指标体系显然不能达到物联网环境下的新型煤炭安全监管要求和标准。各级安全监管部门必须跟上物联网技术的快速发展步伐,适应物联网在煤炭行业的不断深入应用,抓住物联网时代的新机遇,迎接物联网技术带来的新挑战,不断革新物联网环境下的煤矿安全监管指标体系,助力新时期煤炭安全监控工作的新发展。

4.1 现行煤矿安全监管内容

煤矿安全监管监察力量与煤矿安全监管监察任务的适配问题始终存在,由于各煤矿的安全生产态势、安全管理水平各异,因此安全监管监察部门应该对不同煤矿采取不同的安全监管方式方法。近十余年来,国家煤矿安全监察机构和各级煤矿安全监管监察机构在监管方法、要素和指标等方面做了很多的探索。

为了做好煤矿安全监管监察工作,2000 年 11 月 7 日中华人民共和国国务院令第 296 号公布《煤矿安全监察条例》,并于 2013 年 7 月 18 日根据《国务院关于废止和修改部分行政法规的决定》对其进行了修订。修订后的《煤矿安全监察条例》中第五条、第十一条指出了安全监察工作的内容。

"第五条　煤矿安全监察应当以预防为主,及时发现和消除事故隐患,有效纠正影响煤矿安全的违法行为,实行安全监察与促进安全管理相结合、教育与惩处相结合。"

"第十一条　地区煤矿安全监察机构、煤矿安全监察办事处应当对煤矿实施经常性安全检查;对事故多发地区的煤矿,应当实施重点安全检查。国家煤矿安全监察机构根据煤矿安全工作的实际情况,组织对全国煤矿的全面安全检查或者重点安全抽查。"

为强化煤矿安全监管执法工作,落实地方监管责任,按照"国家监察、地方监管、企业负责"的原则,根据《中华人民共和国安全生产法》《中共中央 国务院关于推进安全生产领域改革发展的意见》《国务院办公厅关于加强安全生产监管执法的通知》等,2018 年 11 月 29 日,国家煤矿安全监察局发布《关于规范煤矿安全监管执法工作的意见》(煤安监监察〔2018〕32 号)。

《关于规范煤矿安全监管执法工作的意见》的第一部分对监管执法的主要内容和方式做了详细的阐释。

① 主要内容。重点检查煤矿企业贯彻落实有关煤矿安全生产的法律法规规章和标准情况;履行安全生产主体责任,建立健全并落实安全生产管理制度和安全生产责任制情况;贯彻落实各级政府、各有关部门关于煤矿安全生产工作的安排部署情况;安全生产费用提取和使用情况;煤矿各生产安全系统完善可靠、重大灾害有效防治、事故隐患及时消除情况;健全完善风险分级管控、隐患排查治理和安全质量达标"三位一体"的安全生产标准化体系,强化"四化"建设和"一优三减"工作情况;煤矿企业主要负责人、安全管理人员、从业人员安全生产教育培训情况等。依法组织关闭不具备安全生产条件的煤矿,推动煤炭行业落后产能淘汰退出情况。

② 实行分类监管。按照国家煤矿安全监察部门关于煤矿分类监管监察工作的指导意见有关要求,以安全风险管控为主线,综合考虑煤矿安全管理、灾害程度、生产布局等因素,对辖区煤矿进行分类,确定不同类别煤矿的监管周期,

实施分类监管。要把安全保障程度较低的 C 类煤矿作为重点监管对象,加大检查频次;对安全保障程度一般的 B 类煤矿,保持一定的检查频次,防止安全管理滑坡;对安全保障程度较高的 A 类煤矿,可适当降低检查频次;对长期停产停工的 D 类煤矿,要安排驻矿盯守或定期巡查。

③ 推行分级监管。认真落实《中共中央 国务院关于推进安全生产领域改革发展的意见》《国务院办公厅关于进一步加强煤矿安全生产工作的意见》要求,进一步完善煤矿安全监管执法制度,按照分级属地监管原则,确定省、市、县三级煤矿安全监管部门负责监管的煤矿名单,明确每一处煤矿企业的安全监管主体。上级煤矿安全监管部门应通过安全生产督查检查、随机抽查、示范性执法等,对下级煤矿安全监管部门的日常安全监管工作进行监督检查和指导。

④ 实施计划执法。各级地方煤矿安全监管部门及其所属专门的执法队伍都应制定年度及月度监管执法计划,并按照监管执法计划对煤矿企业开展监督检查。年度监管执法计划制定完成后,应报送同级人民政府批准或备案,经批准或备案后报上一级煤矿安全监管部门备案,并抄送驻地煤矿安全监察机构。各级煤矿安全监管部门编制的执法计划应当相互衔接,避免监管重复或缺位。

⑤ 突出重点、提高针对性。按照执法计划确定的执法工作量和原则,结合当地煤矿安全的实际随机确定检查煤矿和检查时间。对煤矿开展的现场检查可根据实际,对一个或多个专项进行检查,但要以强化和落实企业主体责任为重点,以事故预防为目的。对直接监管的正常生产建设煤矿每年至少开展 1 次系统性的监督检查,推进煤矿提升安全管理水平。对煤矿的上级公司每年至少开展 1 次监督检查,主要检查其是否落实公司管理层和有关部门安全生产责任制,是否落实对所属煤矿的安全管理责任,是否保证所属煤矿的安全投入,是否超能力下达生产经营指标。

⑥ 推进执法创新。坚持问题导向,创新监管方式,用好"双随机"抽查、联合执法、委托执法、专家会诊、联合惩戒、"黑名单"管理、执法信息公开与信息共享等方式方法,发挥警示教育作用。运用科技和信息手段,实施远程监管,发挥隐患排查治理、安全监控、预报预警等系统联网的作用,提高监管执法效能。加强执法管理,推进实现执法信息网上录入、执法程序网上流转、执法过程网上监督、执法数据网上统计和分析。

4.1.1 安全分类监管工作的要素及其指标

为便于各煤矿安全监管监察机构开展分级、分类安全监管,《国家煤矿安全局关于煤矿分类监管监察工作的指导意见》明确了煤矿分类原则和分类标准。

（1）分类原则

① 坚持科学分类。采用定性与定量相结合的方式，综合考虑煤矿的灾害程度和安全状况等因素，科学分类。

② 坚持问题导向。突出重点，并加大对安全管理、责任落实的考量，强化风险预控和重大灾害治理。

③ 坚持因地制宜。立足不同地区实际，细化分类要素，完善分类程序，提高煤矿分类结果适用性。

④ 坚持动态管理。根据煤矿生产状态和安全状况等变化情况，相应调整煤矿分类类别。

（2）类别划分

以安全风险管控为主线，综合考虑煤矿安全管理、灾害程度、生产布局、装备工艺、安全诚信、安全生产标准化建设、人员素质及生产建设状态等因素，将井工煤矿按安全保障程度从高到低确定为 A、B、C、D 四类。其中，A 类煤矿为安全保障程度较高的煤矿，B 类煤矿为安全保障程度一般的煤矿，C 类煤矿为安全保障程度较低的煤矿，D 类煤矿为长期停工停产煤矿。

（3）A 类煤矿

满足下列所有条件，可划分为 A 类煤矿。

① 安全管理：证照或建设项目手续符合要求，安全管理机构、安全生产管理制度和安全生产责任制健全，安全生产教育、培训和安全生产投入符合要求，5 年内未发生死亡事故。

② 灾害程度：低瓦斯矿井；水文地质类型为中等及以下矿井；无冲击地压危险性，井下无火区，并建立有可靠的、抗灾能力强的灾害防治系统以及安全应急避险系统的矿井。

③ 开拓和生产布局：开拓、准备、回采煤量符合规定，通风、排水等生产系统完善、可靠，单水平开采，采用"一井一区一面"或"一井两区两面"生产模式，采（盘）区采煤工作面与回采巷道掘进工作面之比不超过 1∶2，年产量不超过核定（设计）生产能力的 110%，最大月度产量不超过核定（设计）生产能力的 10%。

④ 主要装备：采煤工作面采用机械化开采（急倾斜煤层除外）或综合机械化开采工艺，主排水泵房、中央变电所、主要通风机房等实现自动化运行和远程监控，安全监控系统运行正常，设置有应急广播系统。

⑤ 安全诚信：5 年内未发现存在"五假五超"（假整改、假密闭、假数据、假图

纸、假报告和超能力、超强度、超定员、超层越界、证件超期)现象,3 年内无安全生产失信行为。

⑥ 安全生产标准化:安全生产标准化达到一级。

⑦ 人员素质:煤矿企业主要负责人、安全生产管理人员、特种作业人员学历、工作经历、安全培训考核达到《煤矿安全培训规定》要求。

⑧ 省级煤矿安全监管监察部门认定的其他条件。

(4) B 类煤矿

满足下列所有条件,可划分为 B 类煤矿。

① 安全管理:证照或建设项目手续符合要求,安全管理机构、安全生产管理制度和安全生产责任制健全,安全生产教育、培训和安全生产投入符合要求,3 年内未发生较大及以上死亡事故。

② 灾害程度:高瓦斯和部分低瓦斯矿井;冲击地压矿井;瓦斯、水、火、顶板及冲击地压等灾害治理效果明显,并建立有可靠的、抗灾能力强的灾害防治系统以及安全应急避险系统的矿井;建立并落实瓦斯防治责任制、瓦斯检查制度、瓦斯抽采管理制度的矿井;能够落实"三专两探一撤人"防治水措施的矿井;开采容易自燃和自燃煤层采取了综合预防煤层自然发火措施的矿井;开采冲击地压煤层采取了冲击地压危险性预测、监测预警、防范治理、效果检验、安全防护等综合性防治措施的矿井。

③ 开拓和生产布局:开拓、准备、回采、抽采达标煤量符合规定,通风系统完善、可靠,水平、采区和采掘工作面布置符合《煤矿安全规程》要求,年产量不超过核定(设计)生产能力的 110%,最大月度产量不超过核定(设计)生产能力的 10%。

④ 主要装备:矿井主要提升、通风、排水等设施设备符合要求;安全监控系统运行正常,设置有应急广播系统。

⑤ 安全诚信:3 年内未发现存在"五假五超"现象,2 年内无安全生产失信行为。

⑥ 安全生产标准化:安全生产标准化达到二级或三级。

⑦ 人员素质:煤矿企业主要负责人、安全生产管理人员学历、工作经历、安全培训考核符合《煤矿安全培训规定》要求。

⑧ 监管监察发现存在现场安全管理不严格、安全生产管理制度落实有盲区、事故防范措施有漏洞等问题。

⑨ 省级煤矿安全监管监察部门认定的其他条件。

（5）C 类煤矿

符合下列条件之一的，应划分为 C 类煤矿。

① 安全管理：证照或建设项目手续不全，安全管理机构设置、安全生产管理制度和安全生产责任制不健全；安全生产教育、培训和安全生产投入不符合要求；5 年内发生较大及以上死亡事故，或 1 年内发生 2 起及以上一般事故，或连续 2 年发生一般事故；1 年内有瞒报事故行为。

② 灾害程度：煤（岩）与瓦斯（二氧化碳）突出矿井；水文地质类型复杂、极复杂矿井；严重冲击地压矿井；瓦斯、水、火、顶板及冲击地压等灾害治理效果差或防治系统不完善、不可靠的矿井；未落实"三专两探一撤人"防治水措施的矿井；开采容易自燃和自燃煤层未采取综合预防煤层自然发火措施的矿井；开采冲击地压煤层未采取冲击地压危险性预测、监测预警、防范治理、效果检验、安全防护等综合性防治措施的矿井。

③ 开拓和生产布局：开拓、准备、回采、抽采达标煤量不符合规定，采掘接续失调；存在采区未形成完整的通风、排水等生产系统开采现象；通风系统不完善、不可靠；水平、采区和采掘工作面布置不符合《煤矿安全规程》要求；可采储量小于 5 倍矿井核定生产能力（未进行生产能力核定的为设计生产能力）；列入当年去产能淘汰退出规划尚未封闭井口的煤矿。

未建成地面主风机供风的全风压通风系统和主副井等一期工程，开始进行二期工程施工；未建成供电、通风、运输、排水、监控等永久系统，开始进行三期工程施工的煤矿建设项目。

④ 主要装备：使用国家明令淘汰和禁止使用的设备及工艺；矿井主要提升、通风、排水等设施设备不符合要求；安全监控系统运行不正常。

⑤ 安全诚信：3 年内发现存在"五假五超"现象；2 年内纳入过安全生产不良记录"黑名单"；1 年内纳入过联合惩戒对象。

⑥ 安全生产标准化：安全生产标准化未达标、未认定，或达标后被撤销等级。

⑦ 人员素质：煤矿企业主要负责人、安全生产管理人员学历、工作经历、安全培训考核达不到《煤矿安全培训规定》要求；煤矿企业主要负责人、安全生产管理人员存在"挂名"现象。

⑧ 存在重大事故隐患被责令停产整顿。

⑨ 9 万吨/年及以下生产矿井。

⑩ 省级煤矿安全监管监察部门认定的其他条件。

（6）D类煤矿

属于下列情况的，可划分为D类煤矿。

① 连续半年以上停止生产建设，地方监管部门已落实驻矿盯守或巡查措施及停、限电和停供民用爆炸物品。

② 省级煤矿安全监管监察部门认定的其他情况。

露天煤矿类型划分可参考井工煤矿，由各地自行确定。

在不同类型煤矿的监管周期上有所不同，体现出分类监管。以黑龙江为例，黑龙江省煤炭生产安全管理局要求各级煤矿安全监管部门对直接监管的正常生产建设煤矿每年至少开展1次系统性监督检查，对煤矿上级公司每年至少开展1次监督检查。

该省省级煤矿安全监管部门每年检查直接监管的C类煤矿不少于2次，B类、A类煤矿不少于1次；D类煤矿不定期进行突击暗访暗查，全年不少于2次；检查直接监管煤矿上级公司不少于1次。全年抽查非直接监管的A类、B类煤矿比例不低于20％，C类煤矿不低于30％，D类煤矿不低于40％。

该省市级煤矿安全监管部门检查直接监管的C类煤矿每月不少于1次，B类、A类煤矿每季度不少于2次，D类煤矿每旬不少于1次，煤矿上级公司每季度不少于1次；检查本地区非直接监管的C类煤矿每两月不少于1次，B类、A类煤矿每季度不少于1次，D类煤矿每季度不少于1次。

该省县级煤矿安全监管部门检查直接监管的C类煤矿每月不少于一次，B类、A类煤矿每季度不少于两次，D类煤矿每旬不少于一次，煤矿上级公司每季度不少于一次。

4.1.2 煤矿生产主体责任的安全监管要素

确保煤矿落实安全生产主体责任，是安全生产工作的基石，也是安全监管监察部门的核心着力点之一。2019年7月6日，国家煤矿安全监察局印发《关于煤矿企业安全生产主体责任监管监察的指导意见》，提出要开展煤矿企业安全生产主体责任监管监察，督促企业尊法学法守法用法，压实企业法定责任，建立健全全员、全过程安全管理体系，推动煤矿企业切实改进安全生产管理，夯实安全生产基础。《关于煤矿企业安全生产主体责任监管监察的指导意见》坚持问题导向，聚焦煤矿企业落实安全生产主体责任方面存在的薄弱环节和突出问题，重点对以下10个方面进行检查。

（1）安全管理机构设置和人员配备情况

通过查阅机构设置和人员任职文件、检查安全生产会议记录、与有关人员座谈等方式,验证煤矿企业是否按规定设置安全生产管理机构并配备专职安全生产管理人员;是否分别配备矿长、总工程师(技术负责人)和分管安全、生产、机电的副矿长,以及负责采煤、掘进、机电运输、通风、地质测量等专业技术人员;是否按规定配备特种作业人员;有突出矿井的煤矿企业,突出矿井是否设置防突机构和建立专业防突队伍;水文地质类型复杂、极复杂煤矿是否设立专门防治水机构、配备防治水专业人员;冲击地压矿井是否明确分管冲击地压防治工作的负责人,设立专门的防冲机构,配备专业防冲技术人员与队伍。

(2)安全管理制度建立和落实情况

通过抽查管理制度、岗位操作规程、采掘作业地点作业规程的制定及执行情况,查看相关会议记录、调度台账,抽查部分工种岗位实操情况等方式,验证煤矿企业是否根据安全生产法律、法规、规章、规程、标准和技术规范要求,建立健全各项安全生产管理制度、作业规程和各工种操作规程;安全生产管理制度、作业规程、操作规程是否符合企业自身实际,是否落实到现场,是否根据安全生产实际及时修订完善。

(3)安全生产责任制建立和落实情况

通过查阅全员安全生产责任制内容,听取履责情况汇报,查看履责工作记录和相关文件资料,抽查安全生产责任制落实情况监督考核记录和奖惩情况等方式,验证煤矿企业是否根据安全生产法律、法规、规章、规程、标准和技术规范要求,建立覆盖本企业所有层级、所有岗位的全员安全生产责任制,明确各岗位的责任人员、责任范围和考核标准等内容;安全生产责任制是否符合企业自身实际,是否根据安全生产实际及时进行修订;是否对安全责任落实情况进行监督考核,各层级、各岗位安全责任是否落实到位,真正实现安全生产"层层负责、人人有责、各负其责"。

(4)安全投入保障制度建立和落实情况

通过了解煤矿企业安全投入情况、查看安全生产费用管理制度、调阅安全生产费用提取和使用情况财务报表等方式,结合灾害和隐患治理整改情况,验证煤矿企业决策机构、主要负责人或者投资人是否能够保障安全生产所必需的资金投入;是否足额提取和按照规定使用安全生产费用,专门用于改善安全生产条件。

(5)安全培训制度建立和落实情况

通过核实主要负责人和安全生产管理人员学历证书、安全考核合格证明材料,组织对有关人员进行书面考试,与安全生产管理人员、班组长、一线职工代表座谈,查看安全培训相关档案资料等方式,验证煤矿企业主要负责人和安全生产管理人员是否符合规定的任职条件;是否具备与所从事工作相适应的安全生产知识和管理能力;是否制定全员安全生产培训计划、方案,按照规定对所有岗位从业人员进行安全生产教育培训,是否做到全员明责、知责;是否建立健全安全培训档案,并如实记录教育培训情况等。

(6)安全风险辨识管控情况

通过查阅相关鉴定、评估报告资料,查阅重大安全风险辨识及管控措施、重大灾害治理措施落实情况及治理效果有关的记录、台账,检查安全技术管理相关图纸和文件资料等方式,结合现场检查,验证煤矿企业是否按要求开展瓦斯等级鉴定、煤层突出危险性鉴定,是否按规定实施瓦斯抽采及综合防突措施,是否严格落实瓦斯管理制度;是否按要求开展煤岩冲击倾向性鉴定和冲击危险性评价,开采冲击地压煤层是否严格落实综合性防冲措施;是否按要求开展水文地质类型划分和致灾因素普查,是否查清承压水体和老空积水情况,按规定落实探放水措施,按规定留设防隔水煤柱;是否按要求开展煤层自燃倾向性鉴定,开采容易自燃和自燃煤层是否按要求编制防灭火专项设计,落实综合预防煤层自然发火的措施。

(7)隐患排查治理制度建立和落实情况

通过查阅隐患排查治理制度,检查隐患排查治理记录台账等方式,结合现场检查,验证煤矿企业是否建立健全并严格落实生产安全事故隐患排查治理制度;隐患排查治理是否做到自检自改,整改责任、措施、资金、时限、预案"五到位";是否采取有效措施,及时消除事故隐患;是否如实记录事故隐患排查治理情况,并及时向从业人员通报。

(8)承包或者托管安全管理情况

通过查阅煤矿承包或者托管合同,核实承包或者托管单位资质条件,检查煤矿企业对承包或者托管单位安全管理考核资料等方式,验证煤矿企业是否将煤矿承包或者托管给没有合法有效煤矿生产建设证照的单位或者个人;实行整体承包生产经营的煤矿是否重新取得或者及时变更安全生产许可证,是否再次转包或者将井下采掘工作面和井巷维修作业进行劳务承包;是否签订专门承包或者托管安全生产管理协议,或者在承包合同、托管合同中约定各自的安全生产管理职责;是否定期对承包或者托管单位的安全生产工作进行检查考核,并及时督促整改隐患和问题;委托方是否保证必需的安全资金投入。

（9）应急管理主体责任落实情况

通过查看应急救援预案及演练记录,询问调度员、安检员、瓦检员、班组长等关键岗位应急处置职责情况,抽查作业人员自救互救和安全避险知识、应急救援预案和避灾路线的掌握情况,现场考查作业人员对自救器和紧急避险设施的使用情况等方式,验证煤矿企业是否按要求编制应急救援预案,建立应急演练机制,定期开展应急演练;是否按要求对从业人员进行安全避险和应急救援培训;是否赋予调度员、安检员、瓦检员、班组长等重大险情紧急撤人权力。

（10）煤矿上级公司履职情况。

针对检查煤矿发现的问题,对煤矿上级公司开展检查。通过听取煤矿上级公司安全工作情况汇报,查看机构设置和人员任职文件,对所属煤矿的日常安全检查记录、台账以及隐患问题整改督办台账等资料,了解对所属煤矿的生产计划或者经营指标下达情况、安全生产资金投入保障情况等方式,验证煤矿上级公司是否按规定设置安全生产管理机构、配齐配全安全生产管理人员;控股公司对所属煤矿是否实现"真控股";是否建立技术管理体系,落实对所属煤矿的技术管理职责;是否对所属煤矿经常性开展安全检查,落实对所属煤矿的安全管理责任;是否推进所属煤矿安全生产标准化建设工作;是否超能力下达或者变相超能力下达生产计划或者经营指标。

4.1.3 面向重大风险的安全监管要素

排查重大安全风险和重大事故隐患是安全监管监察部门的重要任务。围绕查大系统、控大风险、治大灾害、除大隐患、防大事故,逐一对高风险煤矿开展安全"体检"是煤矿安全监管监察部门常用的监管方法之一。

安全"体检"对象是正常生产建设的煤与瓦斯突出、冲击地压、高瓦斯、水文地质类型复杂和极复杂、采深超千米、单班下井人数多等 6 类高风险矿井,具体监管要素分为以下类型:

（1）安全生产责任落实情况

是否建立健全各级负责人、各部门、各岗位安全生产责任制,明确全员安全生产责任,并建立相应保证安全生产责任落实的机制;是否严格执行矿长带班下井制度、安全生产承诺制度;制定的安全管理制度、作业规程、操作规程是否符合有关法律法规标准要求,是否符合企业自身实际,是否得到有效落实。

（2）开拓部署和采掘接续情况

生产布局(水平、采区、采掘工作面个数)、主要生产系统等是否符合规程、标准和设计要求;煤层和工作面开采顺序是否满足瓦斯治理、冲击地压防治、水害防治、预防煤层自然发火的要求;是否存在《防范煤矿采掘接续紧张暂行办法》(煤安监技装〔2018〕23号)设定的9种采掘接续紧张情形,开拓煤量、准备煤量、回采煤量可采期是否符合规定。

(3)通风系统运行情况

通风能力是否满足矿井安全生产需要;矿井、采区、采掘工作面、硐室通风系统是否合理稳定可靠;生产水平和采(盘)区是否实行分区通风,采区进、回风巷是否贯穿整个采区,专用回风巷设置是否符合要求;主要通风机是否安装反风设施,并能在规定时间改变巷道中的风流方向,是否按规程要求开展反风演习。

(4)重大灾害和风险辨识管控情况

是否按要求开展瓦斯等级鉴定和煤层突出危险性鉴定,是否按规定实施瓦斯抽采及综合防突措施,是否严格落实瓦斯管理制度;是否按要求开展煤岩冲击倾向性鉴定和冲击危险性评价,开采冲击地压煤层是否严格落实综合性防冲措施;是否按要求开展致灾因素普查,是否查清承压水体和老空积水情况,按规定落实探放水措施,按规定留设防隔水煤柱;是否按要求开展煤层自燃倾向性鉴定,开采容易自燃和自燃煤层是否按要求编制防灭火专项设计,落实综合预防煤层自然发火的措施。

(5)安全监控及人员位置监测系统运行情况

是否按要求实施安全监控系统升级改造;安全监控系统功能是否完善,中心站、分站、传感器等设备是否齐全、安装设置是否符合要求;甲烷传感器的设置地点,报警、断电、复电浓度和断电范围,安全监控系统设备的维修、调校、测试等是否符合要求;人员位置监测系统在人员出入井口、重点区域出入口、限制区域等地点是否设置读卡分站,标识卡和读卡分站是否工作正常,系统监视的人员位置等信息是否准确。

(6)关键部位和薄弱环节安全管控情况

采掘工作面遇顶底板松软或者破碎、过断层、过老空区、过煤柱或者冒顶区,是否制定和落实安全措施;电焊作业是否符合规程要求,是否存在违规使用电焊的情况;爆破作业制度和措施是否落实到位,是否严格执行"一炮三检"和"三人连锁爆破"制度;提升运输设备是否超负荷、带病运转或超期服役,是否按规定进行定期检验或检验合格,斜巷人车、猴车、无极绳绞车的各项保护是否齐全可靠。

（7）应急管理情况

是否落实应急管理主体责任,建立健全事故预警、应急值守、信息报告、现场处置、应急投入、救援装备和物资储备、安全避险设施管理和使用等制度;是否按要求编制应急救援预案,建立和落实应急演练机制;调度员、安检员、班组长等是否有重大险情紧急撤人权力;井下作业人员是否熟悉应急救援预案和避灾路线,具有自救互救和安全避险知识,是否熟练掌握自救器和紧急避险设施的使用方法。

此外,对于前文所列的 6 类矿井,安全监管监察部门还应结合各类矿井特点,有针对性地增加安全"体检"重点。

4.1.4 煤矿安全监管方式存在的不足

上述安全监管要素分类主要是政府监管监察部门用于指导自身安全监管监察工作对于监管对象所进行的分类。然而,我国产煤省、市、自治区众多,各省、市、自治区煤炭赋存情况差距巨大,企业所有制、管理体系等各有不同,因此各省级煤矿安全监管监察部门往往针对自身特点,在监管要素和监管重点方面有所不同。如内蒙古自治区将重点煤矿及其上级公司作为监管要素:一方面针对辖区内一段时间内管理滑坡的煤矿,由地市煤监分局根据具体情况对其进行重点约谈,防范管理继续滑坡造成大的安全隐患;对于整体安全管理薄弱的煤矿,由自治区煤监局对其上级公司的主要负责人进行约谈或诫勉谈话,督促其加大安全投入。另一方面对在监察中发现有较大安全隐患的煤矿,给其上级公司下达加强和改善安全管理建议书,要求对所属煤矿加强安全管理。通过约谈及下达安全管理建议书引起煤矿及上级公司的重视,加大安全投入,消除了安全隐患,保证煤矿安全生产。而辽宁省则重点以重大灾害作为治理要素分类开展监管,结合全省煤矿安全生产实际,安排开展"冲击地压防治""斜井人车运输""安全生产应急管理""职业病危害防治"等专项监察。

然而在实际的煤矿安全管理工作中,最常采用的监管方法是安全执法监察。通过对煤矿实地进行检查,查处问题和隐患,进行经济处罚,促进整改落实。这种方法不但低效,而且混淆了监管部门的监管职责和煤矿的安全生产主体责任。煤矿安全监管监察部门当前所采用的分级分类监管方法,虽然能够对被监管煤矿进行一定的区分,但其分类方法较粗,而且动态性不足,无法及时、准确地反映各被监管煤矿安全生产的动态变化。

如果要从整体上有效评估被监管煤矿的安全生产态势及其变化情况,为安全监管提供更加准确、及时的信息支持,需要更加全面采集信息,通过大数据算法对各种与煤矿安全相关的指标数据进行加工。传统的煤矿安全生产信息采集方法无论是数据的类型、准确性、时效性、经济性等都无法满足相关要求,因此长期以来我国煤矿安全监管监察对煤矿监管要素及其指标的研究和应用主要集中在具体危害因素、安全管理相关数据、事故统计数据等较为粗略、静态的指标上。

随着物联网技术的不断成熟及其在煤矿中的快速应用,监管监察部门对于煤矿与安全有关各项指标的广泛互联、透彻感知、智能决策成为可能,从而为安全监管监察方法的变革奠定了技术基础。

4.2 物联网环境下的煤矿安全监管要素

国家安全生产的方针是"安全第一,预防为主,综合治理"。煤矿安全监管采取"事前监管",与国家安全生产方针是完全一致和匹配的。物联网的出现和应用,为贯彻上述方针带来了新机遇,同时也对新时期煤矿安全监管提出了新要求。无论技术如何进步和设备如何革新,物联网环境下的煤矿安全生产监管的最终目的仍旧是避免各类事故的发生,而最基础的实现手段则是衡量煤矿安全风险态势、安全生产主体责任履行情况,全面、及时、准确地对各类安全要素(或因素)实施科学有效的监管。煤矿安全事故具有突发性、偶发性、隐蔽性、分散性、复杂性、关联性等诸多复杂系统化特点,从而导致煤矿安全的监控对象纷繁复杂。随着物联网管理理念的成熟以及相应物联网配套技术的逐步完善和应用,基于物联网的煤矿监管系统的监管对象应当范围更广、介入更深、反应更快、科目更细。我们认为:基于物联网的煤炭安全监管对象应当继续建立在已经相对成熟的安全监管工作的基础上,并在此基础上结合具体情况逐步对现有监管对象加入带有物联网特征的监管特性,并通过逐步完善监管对象的宏观范畴和微观特性,逐步过渡到物联网环境下的煤矿安全监管工作阶段上来。

4.2.1 煤矿安全监管要素的分层界定设计

在我国现行煤矿安全监管运行机制、机构设置和责任分工等基础上,鉴于当前我国煤炭安全监管的管理现状以及已有的安全监管系统的软硬件建设阶段,适应物联网环境下的煤矿安全监管要素的界定分成三个层面,在要素结构层面体现出覆盖全局、逐级落实、分层监管的工作理念。三个层面的监管要素界定分别是:国家及省级层面的煤矿安全监管要素界定、地市级层面的煤矿安全监管要素界定以及煤矿层级的安全监管要素界定。

(1)第一层面(国家及省级层面的安全监管工作)

该层面是国家及省级(含自治区、直辖市)层面的煤矿安全监管层,是对煤矿安全监管工作业务方面的法律、法规和省级以上煤炭行业各项规程的制定层,是国家(包括省级)整个煤炭行业安全生产战略的规划部门。该层面对安全监管一般性要素的界定具有法律强制性、政策导向性、条文规范性、实施指导性和执行协助性的特点,这个层面的要素应当在广义上涵盖随后的两个层面(地市级层面和煤矿层面)。

(2)第二层面(地市级层面的安全监管工作)

第一层面和第二层面(地市级)安全监管部门的工作重心均偏重行政管理方面,安全监管人员多为行政(执法)人员。在两个层面中,第一层面更为偏重法律法规、政策制定、行业战略等方面,第二层面则是对国家层面的安全监管法律法规的执行督办、相关政策的落实贯彻、政令的上传下达、战略方针的部署、安全监察监管等业务的督导和履行等。地市级层面的安全监管的要素是第一层面监管行政力量的延伸和传递。2018年4月16日,应急管理部挂牌成立,国家煤矿安全监察局正式归口应急管理部,国家煤矿安全监察局的职业安全健康监督管理职责划入国家卫生健康委员会。原国家安全生产监督管理总局综合监督管理煤矿安全监察职责,划入应急管理部下的国家煤矿安全监察局。2020年10月,根据相关文件要求,国家煤矿安全监察局更名为国家矿山安全局。由于存在较强的行政管理归口或机构对口的要求,第一层国家及省级层面和第二层地市级层面的煤矿安全监管的要素,存在进一步规范的行政归口关系。因此,两层之间存在较强的相似性和传承性。

(3)第三层面(煤矿层面的安全监管工作)

煤矿安全监管的第三层面是煤矿,也是最终上级监管部门的安全监管工作的着眼点和落脚点。梳理完善这部分安全监管的要素,是各类煤矿企业对安全监管工作的最终落实,也是各个安全监管指标信息的最初数据源。

煤矿层面的安全监管要素应当具体、全面、细化,需要落实到每一个风险点和危险源,覆盖整个煤矿每一个生产环节。一般认为,作为安全监管大树的最末端的煤矿安全监管要素,是这棵大树的根基,应该沿用当前煤矿企业普遍依据的"4M"因素理论进行梳理分析,即安全事故的发生主要由人因、机器、环境和管理四个方面诸多监管要素的影响(简称"4M",即 man、machine、media、 management）。这些要素在安全系统中按照一定的机理，逐步或者突变演化成人因的不安全行为、机器的不安全状态、环境的不安全影响、管理的不安全缺陷，并最终发展成为威胁煤矿安全生产的危险或有害因素。如果出现安全监管空白或者失控，会导致各种安全风险浮现，甚至各类安全事故的出现。

作为最基层的煤矿层面的安全监管工作，着眼点应当在微观层面涵盖煤矿的每一个安全生产细节，不放过任何一个风险源，需要在传统的"4M"要素分类基础上，在前面层面的管控下，进一步综合考虑各个煤矿在物联网环境下的新"4M"要素分类需求，在传承已有安全监管经验的基础上，首先实现物联网技术的逐步融入和技术突破，其次实现管理模式的更新换代，最终实现建立完善物联网环境下的包括科学指标体系在内的煤矿安全监管管理体系。

4.2.2　安全监管要素的整体框架设计

随着物联网技术的不断成熟，各级煤矿安全监管部门的工作已经部分而且必将全部处在物联网环境下。物联网带来的信息化浪潮和大数据对煤矿安全监管管理的机遇和挑战，使得煤矿企业信息化建设不仅要增强煤矿在生产、调度、运输、销售等方面的工作效率，同时也要提升煤矿企业安全管理水平。一方面通过提升安全设备的自动化水平来减少对井下基层操作工人的人力依赖，另一方面，各类传感器和安全信息化系统的使用提高了对不同安全管理对象的管理控制能力。

在人员管理方面，物联网环境下的大数据在矿工结构优化、安全管理培训考核、不安全行为管控和隐患排查等方面的作用越来越大。利用大数据挖掘技术，根据安全性高低能够对矿工实施有效分类，能够更准确地对人员进行管理。同时，App和小程序的出现也让煤矿安全管理工作不再局限于现场的培训管理，人们只需一部联网手机就能够随时随地实现对自我的安全培训。此外，在人员"三违"系统管控和隐患排查方面，通过构建相应的信息化手段，使得人们在发现隐患后，只需拍摄现场照片或者传递视频流，不需要进行烦琐的文字描述，从而提升了管理的时效性和准确性。

在设备和环境管理方面，随着数字化矿山的不断建设，物联网环境下的各种崭新手段可以有效地增强煤炭安全生产设备和复杂环境的监管能力。使用煤矿企业中的设备故障诊断系统，可以实现对采煤机、运输机、通风系统等设备的智能控制，当煤矿生产设备出现故障时，能够及时报警并通知相关管理人员进行处理，这样就提升了煤矿生产设备的安全运行效率。利用通信电缆和传感器组成的环境监控系统,可以 24 小时不间断地监控井下一氧化碳、粉尘、瓦斯、风压、煤炭发热量等环境因素的风险,利用传感器获取的井下安全管理数据进行深度数据挖掘,降低井下复杂多变的环境带来的风险改变。

因此,在物联网环境下,不断涌现的大数据相关的新技术解决了传统煤矿监控工作的两个技术上的瓶颈:其一是实时数据处理瓶颈,其二是海量数据存储瓶颈。

(1) 物联网环境下监管要素的动态时效性

物联网环境下,可以有效实现对要素信息处理的动态时效关联。物联网环境下的煤矿安全监管把注意力从"对标查找"转移到安全监管的"实时管控",进一步突出了安全监管工作的时效性和前瞻性。

物联网(尤其是大数据感知、读取和传输技术)与安全监控工作相结合,可以更快地给监管部门提供第一时间的信息,甚至经由 AI(人工智能技术)、机器学习、深度学习、信息爬取等,给出初步的监管工作应对建议。接受监管的煤矿企业中包含有大量的实时数据,面对这些数据,传统安全监管需要进行问题提出、指标提取、模型构建等非实时的步骤,导致得到的监管行为滞后。而在物联网环境下,可以直接将数据进行实时处理快速得到有用结论,从而在安全监管等管理决策中直接应用。此外,传统安全管理理念对于新的安全管理问题缺乏敏感性,只有当安全管理问题暴露出来后,通过调查研究才能对症下药。而物联网环境支持的大数据视角下,新型的安全监管体系更善于实时甚至预先发现潜伏期内的安全管理问题,通过多种不同种类的安全数据结合可以提前预测可能发生的事故或者存在的隐患。

物联网环境下的安全监管系统能够实现大数据的实时处理,随之而来的另一个管理水平的重大突破,就是可以让监管部门通过大数据技术研判安全监控诸多考察要素之间的关联性。传统安全管理理念注重对安全监管要素之间的因果性的分析,即努力描述因素甲和因素乙之间的必然联系。但是随着多年来煤矿安全管理经验的不断积累,各级安全监管部门逐渐认识到:很多安全因素之间的因果性具有一定的模糊性,导致研究者很难探究真正清晰的因果路径。

例如,在事故致因理论当中,很多学者将事故发生的影响因素划分为人的不安全行为、设备的不安全状态、环境的不安全状态以及管理上的缺失。但是这种因果关系仅仅是事故发生的大框架。面对不同的行业和社会环境,究竟是哪个因素起到主导作用也仅仅只能通过概率分布的手段进行解释,但该种解释具有片面性和不确定性。大数据背景下的安全管理理念通过数据挖掘方法找出安全数据间的关联关系,这些关联规则也许从表面上看不出显在的因果性,但却可以为安全监管工作提供有价值的管理路径,从而超越传统的安全监管水平。

(2)物联网环境下监管要素的历史追溯性

物联网环境下,可以有效实现对要素信息处理的历史无限存储。对于海量数据的存储问题,其数据存储压力源自煤矿生产系统是一个具有动态性和非线性特征的复杂交互技术系统,并且包含了人、机、环、管等多种监管要素,而要素之间的关系也是错综复杂的。

传统的煤矿安全监管,对历史数据的处理存在技术瓶颈,有时会不得不采用粗犷管理,甚至不得不放弃相对较早期的数据,造成历史性信息的人为因素或者非人为因素的被动缺失。一些占据存储空间的视频、音频、图像数据,更是给安全监管业务过程中累积的历史数据处理带来巨大的压力。因此,针对这些注定会产生超出传统承载能力极限的数据特点,物联网环境下的煤矿安全监管体系更要具有处理历史巨量数据的能力。2011年,国家安全生产监督管理总局发布了《煤矿安全风险预控管理体系规范》(AQ/T 1093—2011),尝试着将传统的事后型煤矿安全管理体系向预防型安全管理体系转变。风险预控管理体系的核心内容包括危险源辨识、评估、消除等方面,而这个过程是持续循环的过程。同时,该体系要求全矿人员集体参与,共同构建一个无人员不安全行为、无设备故障、无管理失效的本质安全型矿井,最终达到无事故发生的目的。风险预控管理体系的实施标志着中国由传统的经验式管理、制度式管理向更高层次的风险预控管理迈进,物联网技术将在这个进程中发挥重要的作用。

随着传统环境下的管控体系的逐步部署和运行,安全监管数据越积越多。企业管理者面临越来越多的管理客体信息(安全数据),并不能及时有效地进行深度分析,找出安全大数据间存在的有用知识,造成对煤矿安全管理信息过载的问题。进而导致企业管理者依据不全面的安全信息知识,而造成错误的安全监管策略或者行为。但是,物联网环境下,煤矿安全监管部门可以借助物联网相关技术,及时准确地了解被监管对象的相关状态和大量基础安全数据,这些安全监管数据通过系统报表、现场检查、信息系统等手段传递至煤矿安全监管部门。同时,安全监管部门将积聚到的相关安全数据进行加工处理和深度挖掘,得到有效的安全监管知识和信息。

(3)物联网环境下的要素整体框架

基于上述阐述,物联网环境下的监管部门的监管要素应分成两类。一类是利用物联网技术带来的"可以有效实现对要素信息处理的动态时效关联"的优势,对具有时效性特征的要素进行定义、梳理、分解、选取,并相应地进行指标设计。时效性要素应结合不同监管层面进行适应性调整,涵盖煤矿安全生产。另一类是利用物联网技术带来的"可以有效实现对要素信息处理的历史无限存储"的优势,对具有历史性特性的要素进行定义、梳理、分解、选取,并相应地进行指标设计。安全监管要素宏观框架如图 4-1 所示。

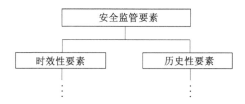

图 4-1　物联网环境下煤矿安全监管要素宏观框架

4.2.3　国家及省级层面的安全监管要素

由于国家及省级层面的安全监管部门属于国家行政机关,其监管行为具有行政执法的特点,因此这个层面要素的界定,必须依据国家有关煤矿安全生产法律法规、规章标准,结合当前国家煤矿灾害情况、风险等级、安全状况及事故特点,抓住国家治理层面的关键安全监管环节和当前安全生产领域的主要矛盾,有针对性地确定和适量调整安全监管要素的范围,使安全监管工作的执法和处罚有依据保证。

(1)国家及省级层面监管要素的法律要求

国家及省级层面的安全监管要素的界定,必须遵守现行的法律法规。国家监察监管人员以及相关工作人员,不论是在煤矿企业开展现场监察执法,还是在物联网环境下开展相关新型安全监察工作,均应该公正行使监察执法权力,确保执法工作公信力。在物联网环境下,国家层面的煤矿安监部门负责督促、指导省级煤矿安监部门开展各项工作,必将会遇到传统工作方式未能遇及之处,因此更需要国家层面的监管工作严格遵守各项法律法规,不能超越国家现行法规框架。省级煤矿安监部门组织开展辖内的安全监管工作,应当在其监察区域内依法依规开展。物联网技术给安全监管领域带来的影响、变化和调整,安全监管的要素要根据有关法律法规、规章标准变化情况,以及国家当前的监察执法重点工作任务及发现的突出问题及时更新。因此,国家及省级层面的安全监管要素的界定,既要保持法律层面的稳定性和传承性,也要与时俱进,不断超越。

(2)国家及省级层面的要素制定

安全监察监管是中国煤矿安全管理的重要手段,无论是在煤矿企业内部,还是在地方政府部门都存在着多个煤矿安全监察机构。目前中国的安全监察格局为"国家监察、地方监管、企业负责"。但从结果来看,三者之间的沟通协作并不完善,很多起煤矿事故都是由于监管部门之间的沟通管理不足所导致的。

物联网环境下的具体安全监管工作包括:现场管理、安全监察制度管理、安全抽查管理以及质量标准化管理。利用大数据挖掘手段构建煤矿安全生产综合监管信息平台,可以实现国家对地方政府的煤矿安全监管,地方政府对煤矿安全企业的现代化、信息化、自动化监管。通过对煤矿企业各个环节的安全生产数据实行信息化集成监管,能够为生产监管部门提供相应的实时动态监管服务功能,能够为接入平台的企业提供各类安全服务功能,同时实现煤矿企业与政府监管部门之间的双向互动,增强政企之间的沟通。

因此,国家及省级煤矿安全监管部门,应当担起建设安全监管物联网体系的建设统领角色,发挥制定者的统领作用。尤其是应该针对当前煤矿安全监管工作中,各地区监管要素对象不统一、定义不明确、数据不一致、时间不同步等客观存在的现实问题,尽早解决完善建立我国煤炭行业在物联网环境下的煤炭安全监管统一体系的建设任务。

(3)国家及省级层面的安全监管要素框架

从框架结构视角上,结合本章对物联网环境下要素特色的研究论证,国家及省级层面的要素框架应当分成时效性监管要素和历史性监管要素两部类。其中时效性监管要素可以进一步分类出两个子部类:生产相关性监管要素和安全相关监管要素。对于经营相关监管要素,由于生产经营管理的中心在煤矿层面,而且作为国家行政机关,不能超越行政权限干涉具体生产部门的经营,因此经营相关的监管要素应落实到煤矿层面。历史性监管要素要依据国家有关煤矿安全生产法律法规、规章标准,突出各监管对象的煤矿灾害情况特点、安全风险管理历史时间序列、持续记录的各监管对象的安全状况历史轨迹及物联网技术支持下的事故数据库等,强调在宏观层面抓住安全监管的关键环节和安全治理主要矛盾,避免被物联网技术带来的海量数据造成信息湮灭。建议将历史性监管要素,按照时间线的发展,分类成纵向监管要素和横向监管要素两大部类。在要素部类框架明确的设计前提下,本章将在随后章节对该部类设计下的监管指标进行进一步的设计。

国家及省级层面煤矿安全监管要素框架结构示例如图 4-2 所示。

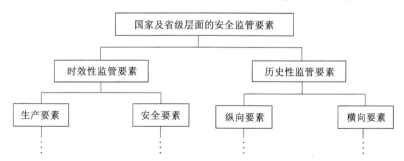

图 4-2　国家及省级层面煤矿安全监管要素框架结构

4.2.4　地市级层面的安全监管要素

由于存在行政归口管理的要求,以及物联网环境下各类信息通道的体系设计特点,地市级层面的安全监管要素的基本框架与国家及省级框架类似。本书在对我国煤矿安全监管体系的研究中,没有在语义上严格区分监管与监察的具体差异。但是,目前中国的安全监察格局在未来一个长期时段下,仍旧为"国家监察、地方监管、企业负责"。在前面的阐述中,突出了国家及省级层面煤矿监管工作的法律特性,事实上是突出了监察语义。但是,作为地市级煤矿监管部门,既承担了执法行政的角色,同时又是生产企业的支持者和监管人。因此,地市级层面的安全监管要素,必须包含经营性要素。

涉及煤矿安全监管工作的地市级政府有关部门,应结合各自地区的综合实际情况和煤矿安全生产态势,在上级(国家及省级安全监管体系)的指导下,进一步科学设计与要素相互匹配的相关要素。地市级层面煤矿安全监管要素框架结构示例如图 4-3 所示。

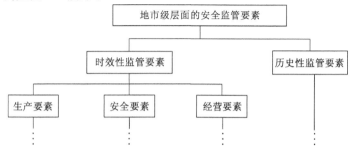

图 4-3　地市级层面煤矿安全监管要素框架结构

4.2.5 煤矿层面的安全监管要素

煤矿层面的安全监管工作,是整个监管体系中的基础性部分。如果说国家和省级安全监管工作具有法律约束、行政执法特点,地市级层面具有政策执行、监管策令的上行下达、对煤矿的安全监管和经营支持特点,那么,煤矿层面的安全监管就应该细化到方方面面。作为面临安全生产直接压力的煤矿,是安全的责任主体,对于各项安全监管要素的界定不再是框架层面,而应当具体务实,直接对接物联网环境下的相应管理内容和科学指标。

因此,应该在保持现有煤矿安全监管体系稳定的基础上,增补使用物联网环境下的新要素(或者对传统要素进行大数据方面的进一步革新),开发当前煤矿企业普遍依据的"4M"因素理论,对物联网环境下的要素体系进行进一步梳理分析。

(1)人因要素及监管内容

在复杂的煤矿安全系统里面,人为因素的影响,即人因要素,可能是最为积极、最为活跃的重要核心要素之一。它是煤炭安全生产的主体,也是影响系统的要素因子。综合考虑和评估多个事故致因理论,均不同程度强调"人"这个因素在确保安全生产和预防各类事故中的至关重要的位置和作用。随着对安全致因理论和实践研究的不断深入,现阶段很多理论都指出:绝大部分的"机器"的不安全状态、"环境"的不安全影响、"管理"的不安全缺陷,往往直接或者间接源于"人"错误诱因而触发或者生成。为此,本研究认为:人因要素监督控制监控,是各层级煤矿的安全管理和生产运作的重要抓手。进一步界定,人因要素主要体现在作为主体的人的各类行为的不安全隐患之中:一般含括各类涉及安全生产或者管理的人员的生理条件、安全心理状态、技术素质、群体行为,如图4-4所示。

① 人员生理状况。目前物联网技术对个体生理状况的监控,逐渐向可移动、远距离、可穿戴等方向发展,借助传感技术,将紧凑、轻便的传感器附着于操作者身上,在传感器终端实时掌握人员的各类生理状况指标数据。在安全生产系统中,各类涉及安全生产或者管理的人员生理条件各异,各自生理状况一般会受到体质健康先天和后天条件、日常生活习惯、生活规律嗜好、工作持续时间、劳动岗位环境、工作负荷强度、各种工作压力等众多因素的不同程度影响以及限制。

——身体健康状况。这里的"健康"是指生理层面的正常态。身体健康状

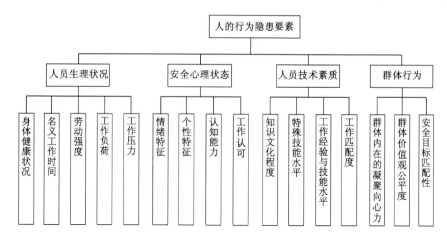

图 4-4　人的行为隐患要素

况可以借助各种专业的医疗设备或实时健康监测系统来部分实现数据采集,不包括心理或者精神方面的健康态考察。

——名义工作时间。名义工作时间的长短,尤其是持续不断工作时间的跨度会直接影响各类安全生产直接相关人员的疲劳阈值、对各类危险的预判和处理能力,导致行为迟缓和反应迟钝等。

——劳动强度。此处的劳动强度是指在常规(或者标准)工作条件下,在单位时间内的受测人员所承担的劳动总量。

——工作负荷。工作负荷是指工作任务对人员的生理体力、精神承受、疲劳极限产生的综合影响。工作负荷直接或者间接地影响人员生理状况,并进一步影响人员的操作行为安全性和安全管理的效果。

——工作压力。工作压力往往产生于上级的指令性要求、工期、成本等内生性压力,也会产生于家庭和谐程度、收入或财产波动情况、人际关系、职业变动等外生性压力。

② 安全心理状态。物联网对个体心理状态的有效监控,也是当前研究的热点问题。安全心理状态也是一个综合指标,包含各类安全相关的人员内在的情绪指征、性格指征、个体认知能力和工作关系(包括部分非工作人际关系)满意度等因素的影响和制约。

——情绪特征。一般而言,情绪均会受环境中的刺激物的影响,如工作障碍、领导批评、员工评价、朋友关系、家庭不和、邻里矛盾、非正常的单身或离异、子女就业就学、个人或者亲友健康事件等的影响,其传导和作用机制非常复杂。

有不少文献指出,情绪特征一般与千变万化的个人情绪表达方式有相关关系。

——个性特征。对于个体而言,其所谓个性特征的存在是一个必然,这种区别群体特征的因素,通常跟个体职业的特殊因素要求相配套和相适应。这种配套和适应程度,直接影响个性特征的健康存在。

——认知能力。安全心理状态中的认知能力,指作为最高等生物的人的大脑对各类信息(包括抽象或者形象的间接信息信号和记忆)的加工、挖掘、提取、储存、清洗和处理等的能力。认知能力是个体对外在事物和内在思想的构成、特质、性能进行有目的的分类、判断、利用等。

——工作认可度。有文献认为,工作认可度是一种主管心理状态,不是客观外在评价。工作(自身)认可度一般表现为对工作的个体满意度,是指个体对不同工作流程中,由个体对工作相关的开展方式、劳动强度(包含体力或者脑力)、横向与纵向之间的工作人际关系、工作成果绩效表现、真实劳动薪水等有良好、稳定、满足的心理层面上的感受。

③ 人员技术素质。人员的技术素质是一个相对稳定的要素。该要素往往包括以下细分内容:知识文化程度、特殊技能水平、工作经验与技能水平、工作匹配度等因素。

——知识文化程度。该要素指安全相关人员通过国家正式或者非正式(但正规承认)教育渠道或者方式接受学历、学位教育以及取得的知识文化的综合认知程度。

——特殊技能水平。该水平有时又称为专业水平或者专业技能,之所以成为特殊技能水平,是由于个体在某一个专业领域中展现出别的个体所不具备的特殊技能。

——工作经验与技能水平。几乎所有的安全相关的岗位上,该岗位上的个人(或者团队)经过一段持续的学习和经验积累过程,均会在经历过一段岗位工作时间后,学习、总结和积累该岗位特征规律,并逐步上升到可以总结传递的工作经验。有文献认为,工作经历、经验(包括负面的事故经历),均对于发现、控制(或减轻)、减少(或避免)重特大人员伤亡事故的发生具有非常重要的意义。

——工作匹配度。此处的工作匹配度与前面提及的工作满意度不甚相同。技术素质方面的工作匹配,通常指人员个体或者技术团队的专业水准、具体技能水平、与本岗位要求的各类知识文化程度、工作岗位经验积累、个体业务个性特征等与岗位工作标准相匹配的程度。

④ 群体行为。从群体行为学和心理学的研究视角,群体的行为一般会受到该群体内在的凝聚向心力、群体价值观公平度(奖惩、评价等方面)、安全目标达成度、安全路径匹配性等复杂因素的影响与作用。借助来自物联网的大数据支持,这方面工作也有很大的挖掘空间。

——群体内在的凝聚向心力。群体内在的凝聚向心力是指各个群体成员之间为实现作为组织的群体的整体目标而体现出来的协同合作的程度。这种凝集向心力,内在体现在各个成员组织群体目标的认同性和一致性,是一种向心力;外在表现于各个群体成员的行为动机对群体目标任务所具有的主动性、能动性和依从(服从)性,是一种凝聚力。

——群体价值观公平度。群体价值观公平度直接体现在具体事件发生后,对当事者的处罚(或者奖励、表征、宣传)的公平度。公平度建立在准确度之上。对群体而言,各种处罚的公平度最为敏感,是指在对群体未完成组织的工作任务或者未达到组织要求的目标而对群体实施处罚的公平程度。

——安全目标匹配性(目标达成度和路径匹配度)。目标达成度一般是指个人、团队、部门和整个企业组织对既定目标所给予期望的最终成果,一般需要制度化和数量化。安全路径匹配度是指个人、团队、部门和整个企业组织对实现目标达成度所采取的各类措施。

(2) 机器要素及监管内容

机器要素是指以生产工具(在物联网时代,工具应同时包括有形的硬件形式和无形的软件形式)形式存在的各类生产设备、生产设施、辅助设备、辅助设施等的状态。近年来有很多研究者认为,在标准化作业状态下的"人因要素",有部分可以划归到"机器要素"中来,而"机器要素"中的 AI(人工智能)等,却越来越像"人因要素"了。因此,广义的机器要素几乎可以构成一个联动、复杂、多层级的系统。这里分析的机器要素,属于非广义的"机器",属于狭义的"设备"层面,主要包括三部分领域,即使用设备、监测设备和使用设施。对于这些机器要素的监控,属于物联网技术相对成熟的领域。

机器要素的进一步分层和分类的方式,按照其目的性和实用性有很多种形式。物联网时代的来临,要求对机器要素的分类更加数据化和互联化,有文献认为,使用设备以机器系统、设备设施系统的形式存在于煤矿安全生产的全流程,主要包括:采掘、提升、运输、通风、排水、电力等。监测设备包括:瓦斯气体的监测抽放、防烟防尘、安全监测、防火防爆、自动监测装置等。使用设施包括:安全警示警告标志标识、临时运输公路匝道、临时房建设施、临时通道、建设使用材料、爆破设施等。本研究参考了这种分类,即设备设施的管理包括设备设施设计、设备设施购置、设备设施使用和设备设施防护四个方面,如图 4-5 所示。因此,机器要素也会相应在这四个方面对煤矿安全生产产生影响。

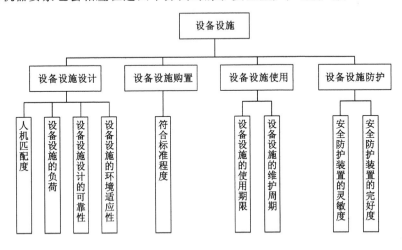

图 4-5　设备设施要素

① 设备设施设计。

——人机匹配度。人机匹配一直是安全管理学、安全工程学、人机功效学等学科研究的重要内容。可以积极借助物联网技术,实现对设备设施的设计要求与人的操作要求相匹配的优化。

——设备设施的负荷。设备和设施负荷指该设备设施在特定的环境下和时间内,持续累积并连续运作下的工作量。设备设施负荷又称为设备设施(单位)强度。

——设备设施设计的可靠性。可靠性指预制各类安全阈值,并通过物联网进行实时监控。

——设备设施的环境适应性。这里的适应性可以通过物联网进行管理,甚至实现人工不能完成的任务。

② 设备设施购置。

可以通过物联网远程监控煤安(MA)、本安(ia 或 ib)等安全强制标志的设备设施。

③ 设备设施使用。

——设备设施的使用期限。设备设施的使用期限,应从煤矿企业安全生产显示需要着眼,科学适宜地安排确定运营设备设施的正常使用期限,充分利用物联网技术,升级现有的设备管理手段,最终完成目标设备设施的生命周期管理,完善设备设施台账的计算机化管理。

——设备设施的维护周期。进一步强化全生命周期管理,全过程地实现和建立相关设备、设施的采购更新、维护保养、检修维护、更换报废等,科学合理地制定煤矿企业设备设施的维护系统,从本质安全的基础上实现全方位的设备设施的安全使用。

④ 设备设施防护。

所谓设备设施防护,专指安全防护装置的灵敏度和完好度的相关措施。

——安全防护装置的灵敏度。机器要素的监管对象中,安全防护装置的灵敏度是各层级的物联网监控的重要内容。物联网能否发挥实质性作用,安全防护装置的灵敏度是一个重要的指征。

——安全防护装置的完好度。灵敏度是有效性表现,完好度则是可靠性的表现,两者相辅相成,缺一不可。一般而言,安全防护装置的完好度是指通过物联网设备全时段(实时)且全方位(多视角),随时对安全防护装置的完好度进行检查、采集、监测甚至维护,对已经存在问题的安全防护装置进行及时的诊断、维修或者更换,以确保该类安全设备设施的正常作用的发挥。

(3) 环境要素及监管内容

环境要素方面主要受自然环境和工作环境两个方面的影响。环境要素中的自然环境要素一般指煤矿的自然条件。该类因素中,煤层自燃特性不佳会导致自燃,顶板不稳定会导致冒顶事故,瓦斯的浓度超标是爆炸事故的危险致因、煤尘会带来煤尘爆炸、煤与瓦斯突出、水患、自然发火等灾害威胁。同时,作为工作环境要素的构成,作业环境空间中的噪声、照明条件、作业或者工作空间、空气湿度(温度以及流速)等也会影响人员的工作或者作业,是重要的监管对象。环境要素示例如图4-6所示。

① 自然环境。

——瓦斯浓度、涌出特征。瓦斯灾害的形式集中体现为:生产或者作业的自然条件下,由于瓦斯的突出、爆炸、燃烧,以及导致现场人员窒息。目前,物联网技术对瓦斯浓度、涌出特征监测始终是一个重中之重的抓手,并已积累了相对成熟的经验和技术。

——项目区地质构造。地质构造也会对安全生产管理产生影响,通常包括成矿条件环境、顶底板围岩节理、裂隙发育程度、作业区的向斜、背斜、褶皱等。

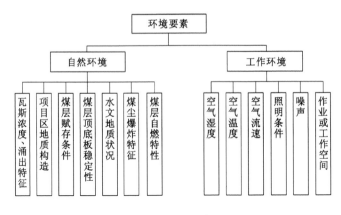

图 4-6　环境要素

——煤层赋存条件。根据实时状态和物联网数据,因地制宜开展作业,包括煤层倾角、埋藏深度、含水量、煤层瓦斯浓度等。

——煤层顶底板稳定性。影响顶底板稳定性的因素包括:围岩岩石性质,断裂和裂隙的发育程度、顶板状态等。

——水文地质状况。应该充分利用物联网设备和技术,严密监控水文地质状况,尤其是洪水位下矿井、巷道距离富水层巷道、排水设施等关键环节。

——煤尘爆炸特性。煤尘造成灾害的主要形式包括:煤尘爆炸、井下作业面煤尘污染、作业人员的砂肺病等。在这些形式中,煤尘爆炸由于后果的严重性,应是监控的重点。

——煤层自燃特性。阻止煤层自燃现象的发生,一般要重点监控以下三个条件:煤层自身自燃倾向,目前已经积蓄能量,环境中的含氧量。

② 工作环境。

——空气温度、空气湿度和空气流速。应当结合不同的作业区域特点,并结合操作者本身的自我调节机能,制定最佳的温度、湿度和流速上下阈值。

——照明条件。主要包括井下作业照明度、阴影度、眩光度、对比度等。

——噪声。在满足高效率和低成本作业的前提下,最大限度地将作业场所噪声控制在最低分贝以内。

——作业或工作空间。按照作业或工作空间特点,可利用物联网监测技术区分出安全作业空间和危险作业空间,并实时监控两个空间界面的动态变化。

(4)管理要素及监管内容

初级的物联网监控的是前三类因素,而更高阶的物联网就要对煤炭生产安全中最重要的一类要素——"管理要素"进行全方位、全过程、全人员的扎实管理。大量事故数据表明,各类事故的发生几乎都与管理要素的不全面、不完备或者不落实有关。管理要素的不全面、不完备和落实不力,甚至本身就存在不合理的设计和缺陷,均可以形成事故隐患,或者直接导致事故的发生。值得注意的是:管理要素甚至可以激发前述的人因、机器、环境等潜在不安全因素的恶化和发生;管理要素的不科学的设计,其最大的危险性是可以直接生成错误的工作指令、导致管理控制信息传递的噪声、构成沟通反馈的障碍、加重管理机制上的缺陷弊端等、人为造成潜在的不安全隐患甚至掩盖下的事故危险源隐患等。所以,在"人、机、环、管"四类安全监控要素中,管理要素是最重要的一个领域,应该给予充足的重视。由于物联网技术的不断成熟和广泛应用,管理要素的"抓手作用"越来越明显。在基于物联网的煤矿安全监管体系中,管理要素可以分为安全基础管理和安全动态管理两方面,如图 4-7 所示。

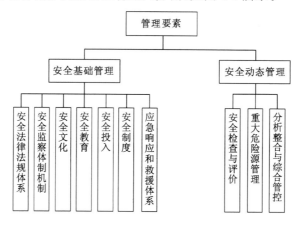

图 4-7　管理要素

① 安全基础管理。煤矿企业的安全管理是一个庞大的系统工程。安全基础的构建是安全生产的前提、保障和目的。所谓的安全基础,是指这个系统中的安全法律法规体系、安全监察体制机制、安全文化、安全教育、各类安全投入、完善的安全制度、先进完备的应急救援体系,等等。这些基础性的安全管理工作是煤炭企业一切管理的根本和企业目标的重中之重,是进一步开展日常性动态安全管理的前提和准备。安全基础管理主要包括以下几个方面:

——安全法律法规体系。经过多年的努力和改进,当前我国与煤矿企业安全管理相关的法律法规体系应当说是基本完备的。但是法律法规毕竟是相对稳定的体系,与日新月异的安全管理大环境相比,新的需求、新的标准和新的问题要求安全法律法规应当跟随时代的步伐,与时俱进,认清和找准安全法律法规在物联网时代下安全生产管理中客观存在的问题,不断消除空白、有效解决冲突、避免安全管理的盲区、体现安全管理的执行力度。

——安全监察体制机制。无论从理念上还是实践中,物联网对煤炭行业生产的安全监察机制和体制的影响都必将是巨大且而深远的。机制要素存在的问题主要表现在:规程可能有缺失、体制相对不健全、责任有时不落实、监察往往不到位、技术经常有缺失等等不尽人意之处。

——安全文化。可以抓住物联网在安全监管升级中的机遇,进一步促进煤矿安全生产文化建设,进一步强化良好的绩效挂钩、通体合作、协调有序的安全管理局面。

——安全教育。物联网是新时代的产物,它对人员的理念转变和专业知识均有较高和较新的要求,因此在安全教育实际操作中,一方面要继续做好常规岗位安全教育、重要岗位作业培训、岗前安全资格考试、事故典型警示、传统的"三级"安全教育、岗位规程和制度教育等日常必需的安全教育工作,更要适时将物联网的管理理念和必要技术对人员进行相关的安全技能、安全制度、安全心理、安全法律法规等方面进行教育培训。

——安全投入。安全投入不仅是煤炭企业的一项持续性的工作,而且是一项全面性的工作(包含安全设施装置、辅助设施、培训投入、管理监控、投资改造等等),不可以一刻放松和半点忽视。安全投入必须依照国家有关法律法规投入规定进行,具有一定的法律性和强制性。

——安全制度。安全制度的范畴很广泛,涉及煤炭企业安全管理的方方面面,主要包括:安全设施"三同时"制度、安全教育制度、安全考核制度、安全检查制度、安全预警联防制度、安全隐患发现和整改制度、劳动安全合同管理、安全信息管理制度、安全风险责任制、领导干部包保制度、安全责任追责制度,等等。

——应急响应和救援体系。针对各类应急管理以及安全事故减防要求,必须建立行之有效的各级别、各工种、各安全要点的应急响应和救援体系,从组织机构方面完善支持,强化日常和不定期的应急救援演练,用应急救援预案指导应急事件的处置。

② 安全动态管理。

——安全检查与评价。应当设计一套相对完整和科学的制度和机制,把物联网嵌入到安全检查与评价工作中。安全检查以及按照检查取得数据开展的安全评价,是煤矿安全监管体系与配套政策的制定和实施的主要依据。本研究将在随后章节对此开展专门研究,力争构建一个面向各级安监部门的煤矿安全监管指标体系框架,包括:国家及省、市、自治区层面的煤矿安全监管指标体系,市一级煤矿安全监管指标体系,煤矿层级的安全监管指标体系。

——重大危险源管理。要在稳步执行现行重大危险源监管的各类法律、法规、标准、制度等的前提下,充分考虑物联网环境下煤矿安全监管工作的新变化和新机遇,分层次、分地区、分阶段、分对象、分步骤地将物联网相关管控要素,科学体现在监管工作中,建立和完善物联网环境下的重大危险源监控系统。在重大危险源的辨识、分析、评价、分级、监控、预警,以及事故(或风险)的应急、处理、救援、追责、归档等环节,发挥物联网环境下监管工作的实时性、关联性、预判性等优势,积极应用各类自动监测技术、传感感知技术和设备、计算机仿真模拟技术、人工智能技术、危险源数据处理技术、通信技术和设备、地理信息系统等高新技术和设备,争取把现行常规的监管工作的时间节点进一步前置,将重大危险源管理的各项监管工作提前开展。

——分析整合与综合管控。基于物联网的煤矿安全监控工作涉及及多个主体,一般包括管理方、参与方、利益方等。因此,安全生产管理的复杂度和难度值不仅仅局限在硬件技术层面,还是在于分析整合和综合管控方面。因此,物联网在安全监管中的作用,不单是提供了良好的机遇,更是带来了巨大的挑战。简单地对某个管理方、参与方或者利益方的安全问题进行孤立的监控管理,可能会形成安全管理的静止化、片面化或者局部化。应该以整合的分析视角,既考虑到总体目标一致的合力,又顾及多方博弈的格局,通过灵活的机制设计和科学的政策制定,对整个系统涉及的诸多主体以及系统中的人、机、环、管四大部分要素进行动态集成分析,发挥物联网技术的真正优势,真正实现基于物联网集成管理的煤矿安全监控联动协作新局面。

4.2.6 物联网环境下煤矿安全监管要素的联接

基于物联网的煤矿安全监管,其实质是对煤矿生产中的作业人员、机器设备以及井下环境的安全监管。煤矿物联网的建立除了遵守可靠性原则、规模化原则、集成化原则以及数据共享原则外,对人员、机器设备以及环境的监管还应遵循几个特殊原则。

(1)井下人员安全监管

井下人员安全监管侧重于对人员位置的异常情况进行监管。具体包括以下几个原则：

① 人员的选择与跟踪原则。通过传感器等设备或系统对井下人员的分布情况以及分布区域进行监测，实时监测全矿井下矿工总数、采煤工作面矿工总数、掘进工作面矿工总数以及其他区域矿工总数，能够选择某个井下人员，对其行进路线进行跟踪记录。

② 井下人员的管理监测原则。通过物联网对井下人员的监管，要能够做到图文并茂地提供动态 GIS 地图，提供丰富的人机对话功能，具有 GIS 地理信息管理功能和地图功能。

③ 人员定位原则。煤矿物联网安全监管要能实现快速查询井下灾前各时段全部人员的准确位置和状态，掌握被困人员的准确位置，为抢险救灾指挥部输出搜救路线图、系统总平面图，提高应急救援工作的效率。

（2）机械设备安全监管

对机器设备的监测，具体要遵循以下三个原则：

① 感知原则。通过井下机电设备的实时定位技术、射频识别技术、信息传输技术、智能传感技术以及移动计算技术等，实现煤矿井下机电设备的智能化感知和可视化监控机电设备的运行状况，保证机电设备的安全。

② 控制原则。采取智能控制算法和先进的控制技术，对煤矿井下机电设备进行自动控制，可以控制煤矿井下所有机电设备的运行、数据的传输和处理。控制层的关键技术包括自动控制技术、组网技术、通信技术、网络接口技术、智能计算技术以及数据存储技术等。

③ 决策原则。决策原则即要求管理决策层利用智能控制技术、故障诊断技术、视频技术等实现煤矿井下机电设备的智能显示和智能决策，最终能够实现煤矿井下机电设备的智能管理，能够对煤矿井下机电设备进行诊断、控制以及维护维修。

（3）井下环境安全监管

基于物联网的井下环境监测一般需遵循以下几个原则：

① 环境参数统一性原则。基于物联网的煤矿安全监管是面向全国煤矿的，必须制定统一的环境参数标准，使各煤矿采集到的信息格式和口径一致，否则省级和国家级安监部门无法准确掌握所管辖煤矿的安全生产状况，更无法进行横向对比。

② 静态数据与动态数据相结合的原则。矿井的环境数据，既包括相对静态的数据，也包括实时变化的数据。实时变化的数据既包括固定地点随时间变化

的数据,也包括随人员移动的不同地点的环境数据(如便携式移动终端数据)。便携式移动终端由井下人员随身携带,通过无线方式读取周围环境参数感知器节点中的数据,经数据融合等算法,分析人员所在位置的环境信息,实时进行监测。

③ 联接路径最短与可靠性最高原则。联接的路径越长,则传输过程中发生错误的概率越大,所耗费的时间越长。因此,在要素联接的过程中,尽量采取路径最短原则,保证信息传递的可靠性和及时性。

4.3　物联网环境下的煤矿安全监管指标体系构建

鉴于我国当前煤矿安全监管体系的实际情况以及现实要求,如需提高安全监管效果就需要通过大量信息的处理,发现危险水平较高的矿区、煤矿以及具体的作业区,从而将有限的煤矿监管力量用在最需要的地方,同时还应能够为监管人员提供监管对象需要重点关注的方面,提高监管效率。因此,无论是当前情况还是未来发展,都需要通过物联网技术对各煤矿的安全情况进行实时或定期评价。

煤矿物联网安全监管的出发点在于根据各方数据的情况分析当前生产的风险水平。而煤矿风险水平的影响因素种类众多,所需要的数据种类多样、数量庞大、结构异构,与其他行业物联网应用有较大区别,从而给煤矿物联网安全监管带来了挑战。

煤矿安全监管工作既是面向当前的实时安全管理,又是着眼于未来安全预控的全局性工作,因此始终围绕两个核心的问题:"煤矿安全预测指标体系"和"各指标科学实用的赋(采)值方法"。

现有的理论研究对于安全预测和评价存在一定程度的混淆。评价更侧重于当前煤矿的安全情况,而预测则要考虑未来发生事故的可能性。前者对于直接致因因素非常重视,后者则会更看重相关性等因素。

当前的煤矿安全指标体系研究几乎都是安全评价理论,其主要着眼点主要集中于两个方面:

第一,从煤炭企业自身的角度进行的安全管理,最典型的便是"人、机、环、管"四分法。该理论自从 20 世纪 40 年代初由 T. P. Wright 提出后,被广泛接受,并成为诸多安全管理理论和方法的基础,如 2005 年由国家安全生产监督管理总局、神华集团、中国矿业大学等 6 家单位共同提出的煤矿本质安全管理理论等。该理论认为,事故是由于"人的不安全行为、机器的不安全状态、环境的不安全条件、管理缺陷及其相互交叉"作用造成的,其中管理缺陷是深层次的原因。也有少量研究者在上述指标体系基础上进行修改,将"机"和"环"的因素合并成"生产区域",并增加"安全事故"指标。显然他们认为安全管理水平是一个相对连续的变量,历史信息对未来有不可忽视的参考价值,其被赋予的总权重达16%。

第二,研究政府角度的安全管理责任考核,即对于地方政府而言,安全监管指标包括哪些。典型的安全生产控制指标体系包括全国性控制指标和分省区的控制指标,前者如:全国事故死亡人数、亿元国内生产总值死亡率、全国10万人死亡率、工矿企业死亡人数、全国工矿企业10万人死亡率、煤矿企业死亡人数、煤矿企业百万吨死亡率;分省的指标内容和全国一致,只是数据统计范围和具体指标值不同。显然,这种指标体系是高层政府机构为各任务主体考核而制定的指标,着眼点是行政管理而非业务监管。

当前研究者对指标体系的关注角度多样,主要研究内容多集中于有了指标体系后的权重赋值,也称为安全评价。指标赋值多采用定量方法,最典型的如:用模糊概率替代准确概率的模糊综合评价法、应用灰色理论的灰色关联度评价法和灰色聚类评价法等。此外也有学者将复杂性科学方法引入赋值研究,还有学者提出煤矿安全评价模糊神经网络模型,增强了对不确定性指标的表达能力。这些研究都是基于指标体系进行的,因此一个科学合理的安全监管指标体系是提高我国煤矿安全监管工作的基础。

从我国当前安全监管监察实践来看,目前,各省煤矿监控系统升级改造后,安全监控系统、人员位置监测系统已覆盖全部煤矿,各省煤矿联网方式不统一,部分省份煤矿通过前置机完成前端数据采集,部分省份煤矿未设置前置机。水文地质监测、矿压及矿震在线监测、供电监控系统、井下运输监控系统、重大设备监控系统等视煤矿灾害类别和信息化发展水平不等,各省现状各有不同。

从国家层面,国家煤矿安全监察部门针对煤矿感知数据联网,先后编制和出台了多个文件标准。2016年12月,国家安全生产监督管理总局发布《煤矿安全生产在线监测联网备查系统通用技术要求和数据采集标准》。2019年5月,应急管理部科技和信息化司与国家煤矿安全监察局共同编制了《煤矿感知数据接入规范(试行)》。2019年6月,国家煤矿安全监察局发布《关于印发信息化建设指导意见的通知》,对煤矿安全生产风险监测预警工作提出了具体要求。这些前期工作为基于物联网的安全监管提供了技术基础,但对于如何利用新技术变革原有安全监管监察模式仍在探索之中。

从当前研究情况和实践层面分析可知,现有的安全评价指标体系要么由企业自身实施,面向微观的煤矿企业安全评价,要么由国家煤矿安监部门实施,面向各级行政主管部门的安全管理绩效评价,恰恰缺乏从安监部门核心业务——煤矿安全监管工作本身的视角的考虑。

4.3.1　物联网环境下煤矿安全监管指标体系构建的原则

煤矿安全监管工作是一项业务性非常强、工作量非常大的工作,而当前安监人员与煤矿比例严重失调,导致一个安监员需要同时监管十余个煤矿的情况时有发生。因此,我国当前煤矿安监管理都集中于对煤矿具体安全隐患的检查,其工作与煤矿安检员雷同,无法形成煤矿长效的安全机制。这就使得每次安全检查后,煤矿的安全情况有所好转,但很快又恢复常态。此外,煤矿安全涉及的知识面非常广,需要安监员有着非常高的业务水准和职业素养,这就进一步影响了安监管理的效果。显然,当前的煤矿安全评价指标体系更侧重的是安全"检查",而非"监察"。监察是对监察对象工作的监督、考查和检举,是督促被监察对象做好安全工作,而不是与被监察对象重复一样的安全检查工作。因此,安全监察应面向煤矿层面,而非局限于某个具体工作面或班组,其指标体系应面向未来,而非当下。

现有的以"人、机、环、管"为核心的安全监管指标体系面向的并不是政府安全监管单位,而是面向煤矿企业自身。对于各级安监部门而言,为了提高有限资源的配置效率,必须能够从更高层次上对所属煤矿的安全情况进行掌握,既不能忽视各种关键的危险源状态,又不能陷于各种技术细节之中,同时还要能够对所属煤矿的安全情况进行动态监控,及时调整安全监管力量。通过动态监控,使安监部门的力量始终能够被用在边际效用最大化的煤矿中,从而在现有条件下,最大化安全监管效果。显然,当前的各种煤矿安全评价指标体系难以胜任这个目标,本研究旨在构建物联网环境下煤矿安全监管指标体系。

鉴于此,物联网环境下的煤矿安全监管指标体系的构建,既需要遵守长期以来形成的一般性原则,又需要推陈出新、有破有立地考虑到一些特殊性原则。

（1）煤矿安全监管指标体系的一般性原则

煤矿安全监管要素界定与指标体系构建是一项极其复杂的系统工程,指标体系的构建必须具有系统性、科学性、普遍性与特殊性、可量化性、可获取性。

① 系统性。系统性原则主要包括界定监管要素和构建指标体系的目的性、

整体性、层次结构性、关联性与可适用性等。

② 目的性。煤矿安全指标体系建立的目的就是实现矿井安全风险的识别、预警预报以及决策分析，实现相关安全风险的评价。为达到这一目的，必须建立反映矿井安全风险的分析预警指标体系，并在不同阶段进行优化与控制。

③ 整体性。矿井安全指标的确定来源于对风险因素的分析，灾害的发生可能是单一指标导致，也可能是相关指标整体作用产生。为此，矿井安全指标体系不是单个指标的简单集合，评价指标及其功能、评价指标间的关系必须服从矿井安全风险评价的整体目标和功能。只有在整体功能实现的前提下，参评指标的选择才是正确和完善的，评价结果才能反映整体性。

④ 层次结构性。评价指标体系是由一定层次结构的评价指标组成的，在层次结构中，各评价指标表述了不同层次评价指标的从属关系和相互作用关系，从而构成一个有序、系统的层次结构。

⑤ 关联性。要充分考虑评价指标体系内部的指标属性关联性，指标间的关联影响与关联驱动。

⑥ 可适用性。任何指标的建立都必须具有较强的可操作性与实用性。

⑦ 科学性。矿井安全事故的发生是矿井安全隐患按照科学的自然规律产生的，也是客观存在的。这就要求对其评价的指标具有科学性和客观性，评价指标必须通过客观规律、理论知识分析获得，形成经验与知识的互补，还必须保证评价指标的概念明确。

⑧ 兼顾特殊性与普遍性。评价指标的确定要根据其共性（普遍性）与个性（特殊性）。例如，同样是瓦斯事故，但导致事故发生的因素可能不一致，有的是瓦斯积聚导致爆炸事故，有的是煤与瓦斯突出导致瓦斯事故。在指标建立过程中，采用通用性原则对矿井普遍存在的共性指标建立评价层，如瓦斯积聚的评价；而对于特殊性指标，根据其结构层次和关系作为特殊指标处理，既保证了评价的普遍性，又兼顾了特殊性。

⑨ 可量化性。随着计算机技术、数据库技术以及决策模型和方法研究的成熟，通过量化指标实现矿井安全风险分析预警是一种趋势。特别在多指标评价体系中，定性是基础，定量是目标，依据量化指标参数评价可提高评价的准确性。

⑩ 可获取性。选择的指标必须要容易获取，最理想的情况是能通过别的系统调取使用，否则，如果该项指标无法获取或者需要人工持续的补充更新，那么就不能保证该指标数据的及时性和准确性，该项指标就不能作为评价的指标。

（2）物联网环境下指标构建的特殊性原则

我国煤矿安全监管体系在新时期的物联网环境下，在构建指标体系时，除了需要进一步遵循传统的一般性原则外，更要注意一些新的特殊性原则。这些原则往往与物联网技术的不断突破和推广应用直接相关。

① 超层次原则。传统的煤矿安全监管体系中，安全监管预测、预警、评价等指标体系，一般为树状结构（叉图）。这种指标体系的结构优点是：结构层次分明，应用方便有效，责任分工明确等。如果能够做到指标集合为系统全集，且各个指标之间没有或者极少存在交集，则指标构建在理论上形成了完美的"互补全集"。然而，由于监管对象的要素复杂性，安全监管工作中应对复杂要素而构建的指标体系，总会出现与"互补全集"相违背的不足。

在物联网环境下，以完美的叉图来再现复杂的安全生产监管系统，越来越吃力甚至无法胜任。因此，在延续树状结构的指标体系的基础上，应当允许出现超层次的监管指标。比如，允许在特殊情况下的越层数据通道。再比如，可以适当允许部分指标之间存在一定的交叉和重叠等。

② 可视化原则。物联网环境为传统的指标数据插上了可视化的翅膀。按照指标应用目的的不同可以划分为：数据可视化、信息可视化、知识可视化和规律可视化。监管要素在赋予各种类型的信息（不局限于传统数据）之后，可视化也代表了不同应用目的的再次展现。例如面向安全监管数据挖掘、不同监管部门和人员，数据可视化的作用尤为重要。尤其是面向本节前述的高层监管部门和监管者，在不用耗费大量时间探知数据、信息和知识等要素的前提下，可以通过物联网环境下的监管体系，实现监管工作的规律可视化，并最终提供安全监管的科学决策依据。

因此，可视化在物联网技术的支持下，在安全监管领域存在巨大的应用空间。尤其当前煤矿企业安全监管层面，科学有效地将大量监管指标及其监管工作可视化，通过利用不同的图表、颜色、标签等手段让安全监管者能够立刻发现企业中存在的安全监管问题，是安全监管指标设计中务必考虑的重要原则。

③ 智能化原则。煤矿安全监管的指标需要体现和支持物联网环境下的智能化特点。近年来，煤炭行业信息化重点集中在矿端的信息化建设上，通过充分数字化、自动化、信息化技术，实现井上、井下生产和安全等各个环节的应用，提高了煤矿现场环境的监控、管控力度，降低了在煤矿开采过程中可能发生的各类风险事故的发生概率，大大有效减少了下井人员数量，提高了各类人员环节上的工作效率，并通过独立的信道系统建设方式，实现各类井下信息系统数

据在地面控制室的集中监视和控制,并通过计算机网络进行联网,实现安全生产各环节的信息充分共享与数据的自动化。

但是,自动化不等于智能化。因此必须要将智能化的监管指标体现在指标体系中。在物联网环境下,各类智能感知装备能够不断实现技术上的煤矿安全监管相关需求。比如:在井下通过搭建智能感知化的感知设施,实施井下信息的有效传递。智能化的感知设备可以实时根据执行命令感知工作环境参数与安全性方面的数据,从而为判断井下设备的安全运行情况提供有效的信息支撑,以此来有效提升设备在实际工作中的安全性。感知矿山是物联网技术在煤矿生产中应用的典型代表,结合数据感知技术、信息传输及其处理技术等,将煤矿地质数据信息、煤矿测量数据信息、生产安全数据信息等进行收集与融合,基于数据信息实现矿山管理的数字化和可视化,可对煤矿生产全流程、全方位、全人员进行有效监控,提升了煤矿安全监管的智能化水平。

④ 数据融合原则。由于物联网下的煤矿安全监管工作,很多指标的信息会以大数据形式进行收集、传输、处理,因此在一定程度上,大数据技术可以允许以往的传统分指标数据跳出"结构化数据"的严格要求。煤矿企业中安全管理数据不仅数量庞大,还比较分散,分布在不同的部门、不同的安全操作系统中。这就要求煤矿企业内部的信息系统实现数据的联动。通过构建煤矿企业内部安全管理数据融合平台,使得不同信息系统、不同传感器上的数据能够进行集成,得到的煤矿安全数据也更加全面,这样就可以挖掘出更多有价值的信息,实现煤矿安全管理水平的有效提升。

因此,物联网环境下的指标体系,不应局限在煤矿企业传统的安全管理数据范畴内。在煤矿监管工作中,由于收集方式和数据来源的不同,需要数据挖掘者对安全管理数据进行清洗、转换和融合等。由人工录入的安全数据占煤矿安全大数据的较大比例,这部分数据的特点是噪声低,但是缺失项明显。对于少量缺失的数据可以通过删除处理,对于大量缺失的数据可以采用均值替换法、多值插补等方法进行处理。面对数据格式不一致的问题,可以采用数据融合的方法进行指标数据处理,包括基于特征、阶段和语义的融合方法等。

⑤ 云计算原则。传统的煤矿安全监管指标的数据,除了部分指标数据之外,大部分属于各级负责、集中存贮、层层传递的传统数据处理模式。但是在物联网环境下,大数据和云计算技术拓展了安全监管空间。云计算技术具有超大规模、高可靠性、高可扩展、通用化以及按需服务等特点,同时还具有较高的商业价值与应用价值。云计算技术主要指的是将分布式计算、网络存储、虚拟化

以及效用计算等计算机与网络技术的发展融合壮大,从而产生的一种新兴计算方式。

云计算在实际应用中的最终目的是将多个简单计算形式融合成一个具有强大计算能力的计算形式,并且共享这种计算形式,从而让此种计算方式能够得到系统中的所有终端用户的运用。由于物联网整合了传统网络与传感网络,因而在实际应用中势必会产生出大量的数据信息,为了能对大量安全数据信息进行有效监管以及科学决策,势必借助云计算技术。实现物联网下的安全监管(尤其是智能化、实时化、可视化等特点的安全监管)的核心关键技术在于云计算技术的应用和云计算平台的建设,因此,在安全监管指标体系中需要考虑到云计算相关的直接指标或者间接接口。本研究将在后面的章节,专题论述云计算平台的建设。

4.3.2 物联网环境下煤矿安全监管常见的可获取数据

基于物联网的煤矿安全监管,其核心是对煤矿生产中的作业人员、机器设备以及井下环境各种数据监测采集,建立数字孪生平台,通过数据分析实现远程、精准监管。在物联网环境下,煤矿安全监管可用的常见数据包括以下几方面:

(1) 井下人员安全数据

对人员的监管是指对于人员不安全行为的监督和管理。具体包括人员行为的事前、事中和事后管理。事前管理重在预防,事中管理重在现场控制,事后管理重在总结经验。目前国内煤矿已经推行的井下人员定位即属于事中管理。井下人员定位在于监测井下人员的位置,对人员的分布情况进行区域定位,不仅要求能够做到对携卡人员出入井下或重点区域的时刻进行记录,并能识别多个人员。对于人员位置的异常情况应该及时进行控制。

① 人员的基本信息、位置与历史路线信息。人员基本信息数据主要在人力资源管理信息系统中,人员下井与在井下实时位置信息是传感器等系统所采集的基础数据。传感器按照一定的规则返回人员位置和当前时间数据,系统可以据此对井下人员的分布情况以及分布区域进行监测,防止重大危险区域人员超限。同时,需要保留人员下井位置的历史信息,通过时间轴生成历史行进轨迹。

② 井下人员的管理数据。通过物联网与井下人员进行双工通信,能够与安全管理计划等信息实现比对,同时相关信息应能够在动态 GIS 地图上予以可视化显示。

（2）机械设备安全数据

通过物联网技术实现煤矿井下机电设备各种运行状态数据的动态感知和可视化监控，保证机电设备的安全，其信息包括设备档案信息、设备运行工况参数等，如开启情况、电压、电流、震度、温度、转速、油压、位移速度、角速度、压力，等等。

安全监管要求管理决策层利用智能控制技术、故障诊断技术、视频技术等实现煤矿井下机电设备状态的智能诊断，最终能够实现煤矿井下机电设备安全态势的超前准确判断。

（3）井下环境安全数据

煤矿井下环境的监测主要包括与井下环境类危险源相关的信息监测，如瓦斯浓度，包括高浓度甲烷气体、低浓度甲烷气体浓度，CO 浓度、CO_2 浓度、岩煤温度、粉尘浓度、顶板压力等。

安全管理方面的数据一般不采用物联网技术采集，可以通过其他方式予以反映。基于物联网的安全监管信息采集和处理，需要注意数据口径的一致性。基于物联网的煤矿安全监管是面向全国煤矿的，必须制定统一的人员、设备、环境参数标准，使各煤矿采集到的信息格式和口径一致，否则省级和国家级安监部门无法掌握所管辖煤矿的安全生产状况，更无法进行横向对比。

4.3.3　安全监管指标体系的整体框架设计

与当前常见的安全评价指标体系不同，煤矿安全监管指标在满足 1994 年劳动部劳动科学技术科研项目"建立矿井安全评价"指标体系提出的目的性、科学性、系统性等原则外，还需面临其自身目的决定的特殊挑战。

煤矿自身的监管侧重于具体的安全操作和业务管理，其目的是及时发现当前生产活动中存在的隐患，并确保相关措施落实。政府对煤矿安全生产的监管行为是一种社会性管制，侧重于法律法规的制定与执行。安监部门的安全监管则是为了督促企业搞好安全工作，因此应侧重于发现所属煤矿中安全水平较差、未来易发生事故的煤矿。这就决定了安监部门的指标所涉及的范围与煤矿自身管理有较大的不同。面向安监部门的煤矿安全监管指标体系更侧重于各指标与未来会发生的安全事故间的相关性，并以之进行预测。

由于安监部门希望能够根据安全监管指标进行安监力量的有效配置，因此必须反映出各个所属煤矿的安全风险等级。而煤矿安全风险情况是随着时间变化而变化的，故指标数值必须能够持续更新。显然，有些数据的时效性要求非常高，而有些则不然。这就使得指标体系在设计时，必须考虑到数据的更新频率。对于那些时效性要求非常高的数据,仅靠传统的数据采集方式可能难以满足,因此必须借助以物联网为代表的先进的信息化技术手段。

指标体系要能够在实际中实施,就必须保证参与体系中的每一个主体都能够积极主动反映出其真实数据,因而必须要有一个良好的运行机制。新的指标体系中的数据来源渠道众多,类型、精度、时效性等都有着非常明显的不同,除了从物联网系统中直接获取的实时数据外,还包括很多由煤矿上报或由安监部门检查获取的信息。因此,如何确保各煤矿能够及时、准确地上报自身的真实情况,将是体系能够运行的关键。这就需要能够设计出一个科学、完善的激励机制,以协调各方的利益和行动。

物联网环境下的煤矿安全监管指标应具有有效预测未来一段时间内所属煤矿安全情况的能力,因此只要能有效解释(不一定是有因果关系)煤矿安全生产可能的指标都应纳入安全监管指标体系。这一点是本研究与现有安全评价指标最重要的区别。根据上述原则,我们将煤矿安全预测信息分为时效性指标和历史性指标两类,一方面反映了煤矿安全生产的基本面,另一方面也体现了变化方向。

时效性指标中的指标值在一个相对的时间内会发生变化,这个相对的时间跨度从几分钟到季度不等,涵盖的时间范围较为广泛。历史性指标则是指一年甚至更长时间内的数值,其数据使用生命周期也较长。如矿工重伤、死亡情况的记录,不仅仅记录去年的,往往会记录多年的数据,只是对不同年份的数据赋予不同的权重。通过对这些数据的加工,可以对未来一段时间内各个煤矿的安全情况进行有效预测,而不是对其现状进行单一评价。政府监管部门监管指标体系如图 4-8 所示。

需要指出的是,不同地区的具体情况不同,其指标的内容会有所不同。如果某个地区由于地质或采煤方法的特点,对安全生产产生较大的影响,则可以在其指标体系中予以反映。此外,随着时间的变化,各个指标的权值或最终安全监管指数的计算方法也应有所变化,以提高其预测与实际情况的拟合程度。

由于面向安监部门的煤矿安全监管指标体系的目的是提高有限安监资源的利用效率,因此必须根据不同煤矿的安全水平分配安监资源,使高危险性的煤矿得到更多的监管。为此,需要对安全监管指标体系中的大量数据进行及时加工,以一个单一数值的形式反映出各个煤矿的安全情况,这个数值即是煤矿安全监管指数。该指数与安全评价指数明显不同:如果煤矿刚刚经过整改,安全评价指数会降低,但如果没有本质上的提高,未来仍会有较高的事故发生概

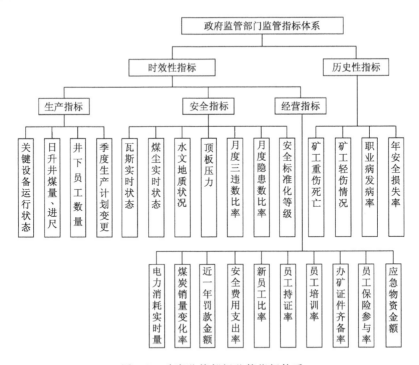

图 4-8 政府监管部门监管指标体系

率,即安全监管指数仍会较高。通过对每个时期指数情况进行标准化处理,各级安监部门可以根据自身的一些规则,自动生成下一时间段的安全监管计划,从而避免了当前安全监管中出现的安全监管力量紧张与安全监管效率低下、安全监管目标选择随意等矛盾并存的现状。新的面向安监部门的煤矿安全监管指标体系,应理顺当前安全监管中存在的目标对象不明确、目的混淆等问题,为我国煤矿安全监管水平的提升奠定信息和技术基础。

4.3.4 国家及省级层面的煤矿安全监管指标体系

国家和省、市、自治区安监部门所面临的监管问题虽有不同,但存在很多相似性,以至在安全监管所关注的指标上存在形式趋同,只是国家层面的安全监管对于重大隐患的权重更高,更加关注重、特大事故发生的可能性。国家和省、市、自治区安监部门在安全监管方面的典型特点有:

(1) 监管特征明显,往往采用间接监管方式

由于四级安全监管体系的分工格局,国家和省级层面的安全监管部门的主要责任是对下级安全监管部门进行业务指导和管理,较少直接面对煤矿的具体

安全管理工作。因而该层面更多采取间接监管的方式,不像直接监管方式需要大量实时数据。

（2）关注重、特大事故发生的可能性

由于层次较高,面对的煤矿企业数量庞大,因此国家和省级安全监管部门主要关注重、特大事故发生的可能性,希望能够提前发现可能存在的隐患,并能够将其控制在未发状态之中。因此,国家和省级安监部门对于煤矿中大量存在的传感器采集的正常数据并不敏感,其关心的反而是异常数据。

（3）对事故处理、整改情况的关注度高

对于国家和省级安监部门而言,对事故的事后处理是其职责的重要组成部分,包括事故的处理过程、其他煤矿整改情况等。通过相关措施的落实到位情况,预测、控制同类型事故出现的可能性。

（4）关注煤矿风险动态变化,尤其是重大风险管控情况

如果煤矿建立较为完善的基于物联网的安全信息采集体系,国家煤矿安全监察部门可通过相关信息平台建设,将矿级层面安全指标数据纳入煤矿的时效性指标体系中。对于部分包含矿级层面安全指标数据的煤矿,可以对其整个时效性指标体系可靠性、权重等予以更高的考虑,体现实时数据的价值。

根据上述特点,国家及省级政府安监部门监管指标体系如图 4-9 所示。

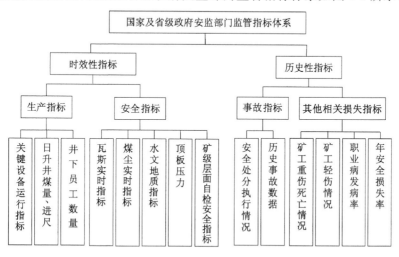

图 4-9 国家及省级政府安监部门监管指标体系

上述指标体系中,时效性指标都是通过对分布于每一个煤矿中的物联网设备所采集的信息进行标准化处理之后得到的,从而使高层次的安全监管部门能

够集中力量于自身的监管工作中,实现了工作效率的跃升。而在传统的安全监管体系下,高层次的安监部门获取信息只能靠下级行政单位的书面文案传递,不但时效性差、准确性低,而且使高层次的安监部门的主要精力耗费在文案的处理上,失去了对安监工作本身的重视。

显然,新的煤矿安全监管指标体系是一个更加丰富、结合煤矿短期与中长期危险发生可能性的监控指标体系。这其中每一个具体指标都对安全水平评估的解释能力有所贡献。国家和省级安全监管部门要实现对各煤矿的安全监管,还需要研发新的权重赋值乃至模型、算法,使上述多样化的数据能够最终以一个或少量综合衡量指标的形式呈现,并使数据可视化,方便安全监管部门的数据获取和分析。

4.3.5 地市级层面的煤矿安全监管指标体系

地市级煤矿安监部门是实现政府对煤矿安全监管的主力,与煤矿处于同一地区,并对其进行属地管理,对于煤矿的情况也非常了解,因而可以实现更加深入、实时的安全监管。与国家和省级安监部门面临的情况不同,地市级安全监管部门的工作具有以下几方面的特征:

(1)面对煤矿,直接监管为主

地市级煤矿安全监管机构直接面向煤矿,具体监管煤矿的各种安全环境、状态、设备设施、安全规章执行情况等。在这种情况下,掌握煤矿企业的实时信息就成为地市级安全监管部门的一个重要需要。

(2)关注危险源的短期、实时变化

正是直接监管的需要,使得地市级安全监管部门重视所监管煤矿各种危险源的短期、实时变化情况,尤其是对某种重大危险源的监测更是如此。危险源的短期、实时变化数据的采集,离不开物联网设备在煤矿安全管理中的广泛应用。

(3)关注各被监管单位安全评价的变化

地市级安全监管机构要最优化自身的安全监管力量,不平均用力,则必须掌握所监管煤矿安全水平的变化情况,使总体的安全风险保持在较低水平。这种情况下,地市级安全监管机构所关注的并不只是简单的各种监测指标,同时还需要这些指标能够更加直观地显示出各煤矿安全评价分值的变化情况,并对其走势有较为准确的预测。显然,除了一般性的物联网设备外,大数据、云计算等技术也应该是地市级安全监管部门应重视的方面。

(4)数据存储量巨大,需要保证能够复原历史过程

　　地市级的安全监管部门负责对本地煤矿进行属地管理,因而还必须负担当出现事故时复原事故过程的重要责任。当出现事故后,调查过程中不可能只依赖煤矿所提供的信息,安全监管部门必须能够掌握足够的第一手信息,才能准确、快速地确定责任。因此,地市级安全监管指标体系中,不能够只记录异常数据,而应该对大量的、具有时间属性的数据都予以记录。在各项指标中,如果能够获得煤矿层面安全指标评估数据,应充分利用这些信息,丰富地市级政府监管部门监管监察指标。因此,物联网环境下煤矿安全监管技术方案中数据存储的要求较传统监管模式有了极大的不同。

　　根据上述特点,地市级政府安监部门监管指标体系如图 4-10 所示。

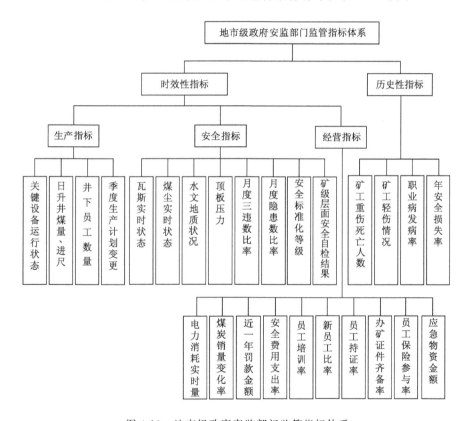

图 4-10　地市级政府安监部门监管指标体系

4.3.6　煤矿层级的安全监管指标体系

　　(1) 煤矿层级的安全监管指标体系的模型结构

与国家和地市级别的指标体系不同,煤矿层级的安全监管指标数据来源并不仅仅是生产部门和传统的煤矿安检部门,其覆盖的面更广泛、更具体、更具有时效性,从而增加了数据采集的难度。因此,基于物联网的煤矿层级的安全监管体系不但应当由三部分组成,即安全监管对象、安全监管支撑要素、安全监管,而且进一步超越了常规的树状结构,体现出一个相对复杂的并行指标结构模型。其相互关系以及具体内容如图 4-11 所示。该模型表明煤矿层面的安全监管工作建立在安全监管支撑要素及技术支持的基础上,对监管对象中的人、机器设备、环境以及管理进行监督与管理。

(2)煤矿层级的安全监管指标体系的支撑要素

包括上述国家和地市两个层级的煤矿安全监管工作在内,煤矿层面的安全监管工作的对象主要仍旧是组成煤矿系统的"人、机、环、管"的各个要素不安全行为及其状态。

① 在人员不安全行为监控方面,主要是对"三违"行为、人员考勤与定位系统的监管。安装井下人员定位系统,该系统能够实现人员的登记、考勤、定位。井下人员定位系统是矿井地面监控中心工控机在软件数据库的支持下,通过传输接口和井下巷道安装的分站,将读卡器采集到的数据信息传输至地面工控机,对井下员工进行实时跟踪,使井下人员位置、动态分布在工控机上得以实时反映,从而实现井下安全状态在井上管理的目的。

② 在机器设备的不安全状态监管方面,主要是对煤矿安全生产中各机器设备进行监管,其中包括矿用高低压电气设备、矿井排水设备、提升运输设备、通风防尘设备、采掘及支护设备、通信仪器设备、矿用非金属制品、电缆输送带以及应急救援设备等。

③ 在矿井环境的不安全条件的监测方面,利用物联网技术实时监测井下甲烷与一氧化碳浓度、风速、负压、井下温湿度、烟雾浓度、馈电状态、风门状态、工作电压、工作电流等,实现甲烷超限声光报警、断电和甲烷风电闭锁控制等;当煤矿发生险情时,监控救护系统可根据事故类型和地点以最快速度选择最佳线路,迅速调配抢险救护队伍和设备,最大限度减少事故造成的损失。

④ 对于管理方面的监管,主要是对安全活动以及国家规定的行为制度的落实情况的监管。其中包括安全教育培训、安全文化制定、国家行业法律政策、安全标志管理文件等。

但是在基于物联网的煤矿安全监控工作的支撑下,这个常规的"人、机、环、管"也可以配合三个缺一不可的支撑要素:监管机构、监管人员和监管设施。如

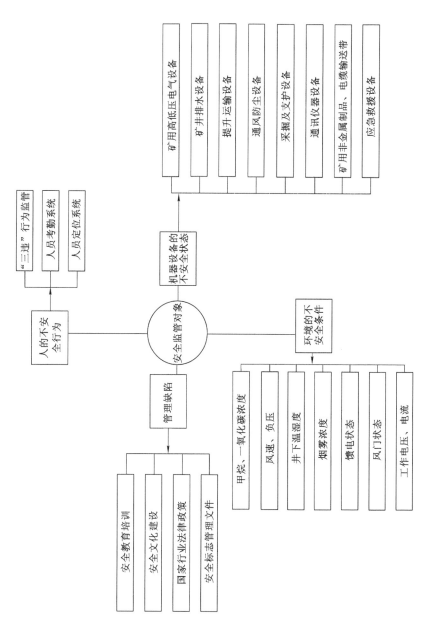

图4-11 基于物联网的煤矿安全监管指标结构模型

何将这三个支撑要素与传统的"人、机、环、管"监控要素有机地结合起来,是本研究随后开展的必要内容。

(3)煤矿层级的安全监管指标体系的内容

在物联网技术的支持下,该层面的信息采集方法分为两类。其一,通过传统的安监管理方式获得,即由煤矿上报信息、安监部门抽查,以防止出现虚假信息。这类数据包括季度生产计划变更、月度"三违"比率、安全体系文件以及经营和历史指标中的各种数据。为了有效遏制煤矿层级对基础数据造假的动机,需要建立一个有效的激励机制,以提高数据的可靠性。而通过物联网技术采集的信息准确性高、及时性好,因此应根据技术的发展,逐步增加由物联网等现代信息技术采集的数据种类和数量,保证煤矿安全监管指数的准确性和可信度。其二,通过物联网技术及时感知相关数据的变化,并通过各种泛在网络将数据传输到安监部门的数据库中。这类数据的时效性要求非常高,且对煤矿安全有着非常直接和即时的影响,因此必须要加大数据采集频率。这类数据包括瓦斯浓度、煤尘状态、回风量、顶板压力、关键设备状态、日升井煤量、日进尺数、井下员工数量、领导带班下井率等。中观层面的体系范围如表 4-1 所示,微观层面的评价指标应当结合具体的煤矿甚至工作区域,因地制宜,实时制定和调整。一般认为,煤矿层面的安全监管领域是指应用物联网射频识别等相关技术的直属介入点。在这些介入点上,煤矿作业人员、操作设备、井下环境以及安全监管等相关制度作为监控目标接入网络,从煤矿人员出入井、全程作业活动,对应设备生产、运输、使用、维护,井下瓦斯浓度、氧气浓度、温湿度等井下作业环境以及安全监管文化与制度等环节进行全员、全过程和全方位的安全监管。

(4)煤矿层级的安全监管指标体系的技术支持

物联网技术是实现煤矿安全监管体系网络化的核心。利用物联网技术,将通过射频定位、环境监测传感器、重量传感器采集到的井下瓦斯浓度、人员数量、风速等参数通过各种通用的数据接口传输至监控中心,再将煤矿监控、通信、运输等多个系统进行无缝连接,并将管理平台中大量的重要信息提取出来,通过无线网络进行远程数据通信,利用移动通信网络覆盖面广的特点,通过监测设备发送至手机等终端,提供给煤矿相关管理人员。其工作示意图如图 4-12所示。

表 4-1 煤矿层级安全监管指标体系

	风险预控管理	风险管理
煤矿层级安全监管指标体系	组织保障管理	安全组织结构管理
		安全管理规章制度
		企业安全文化管理
		文件、记录管理
		安全建设监督管理
	人员不安全行为管理	人员准入管理
		人员培训管理
		人员持证上岗管理
		人员行为管理
		人员考核与班组建设
	生产系统安全要素管理	采掘管理
		通风管理
		监测监控管理
		供电电器管理
		爆破管理
		运输提升管理
		压气及输送管理
		压力容器、手工工具、计量器具、登高及起重作业管理
		防灭火管理
		防治水管理
		防突管理
		防尘管理
		瓦斯监测管理
		瓦斯抽放管理
		地测管理
	辅助管理	消防、救护管理
		承包商管理
		应急与事故管理
		职业健康管理
		煤矿准入管理
		矿井环境保护管理

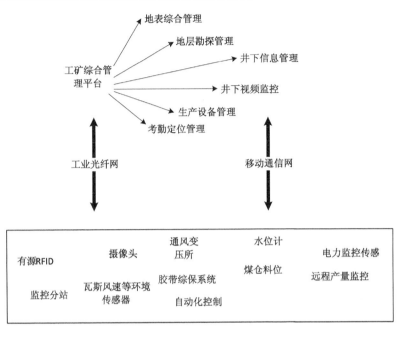

图 4-12　基于物联网的煤矿安全生产流程示意图

　　煤矿物联网安全监测系统已实现人员管理定位、出煤量查询、视频监控、报表发送、人员定位、安全信息报警、信息管理等功能。煤矿管理人员不在现场的情况下,可实现对煤矿企业运行情况的实时了解和掌握,对生产过程中极易发生事故的危险源及时发现和清除,大大提升了工作效率,实现优化生产、优化管理。

　　煤矿安全监测技术是煤矿安全保障不可或缺的重要组成部分。煤矿安全监控是为了煤矿安全和正常生产而进行的各种有关参数或状态的集中监测,并对有关环节加以控制,是保护采掘、运输、通风、排水等主要生产环节安全运行的重要设施。煤矿安全监测技术主要包括煤矿通风技术、矿用电气防爆技术、环境监测技术、排水系统监测技术、供电监测技术等。

　　煤矿是一个极其复杂的综合体,通过对"人、机、环、管"四个方面指标体系的建立,配合相应的智能监测设备(系统),能够实现对单个指标的监测,但这远远不够,还需要利用先进的计算技术,进行大数据挖掘,对这些不同类别的监测值进行综合分析研究,科学、全面地反映关注的问题。常用单因素预警指标如表 4-2 所示。

表 4-2　单因素预警指标体系

因素类别	单因素预警指标
人	脱岗
	未戴安全帽
	进入限制区域
	违规带电作业
	超员乘坐人车
	超速驾驶
机	液压泵站压力不足
	电气火花
	设备部件高温、高热、振动
	设备声响异常
	胶带严重跑偏
	胶带烟雾
	胶带纵向撕裂
	胶带超温洒水保护失效
	胶带断带
	胶带打滑
	胶带堆煤保护失效
	滚筒开裂
	风筒异常
	风门异常
	人员定位系统异常
	矿压监测系统异常
	安全监控系统异常
	压风系统异常
环	甲烷浓度超限
	氧气浓度过低
	粉尘浓度过高
	温度过高
	风速异常
	CO 浓度过高
	CO_2 浓度过高

表 4-2(续)

因素类别	单因素预警指标
环	涌水量太大
	顶板离层量超限
	煤炭自燃发火期
	断层、裂隙、陷落柱出现
	煤岩片帮

矿井所有安全事故的发生,都是在某一区域、某一系统的某一个"点"上发生的,而不是在全部区域内或整个系统上全面性的发生。在"点"上发生的事故,不仅反映的是"点"上存在的问题,同时也能反映区域、系统、专业和矿井层面的问题。

另外,在某一"区域"上,往往存在着多种自然灾害,分布有多个系统,但该"区域"并不一定包含矿井的全部自然灾害或分布全部的系统。

同时,不同的自然灾害、同一自然灾害的不同监测指标,在时间分布上存在非同步性,在某一时间点上,存在某一类自然灾害或同一自然灾害的某一监测指标非常突出的情况。比如某掘进工作面,某一时期在靠近断层掘进时,水害的风险相较其他灾害突出,而这时,该地点的涌水量变化情况相较水害的其他监测指标更为敏感。

因此,具体到某一类自然灾害、某一个区域上,全局性的指标是缺乏实际意义的,我们需要关注的是"木桶理论"里面的最短板,要突出在这一时空点的重点和关键点,即具体的指标内容,这对于指导矿井安全生产更具有意义。

区域、子系统、自然灾害和矿井之间的关系是:一个区域,包括多个系统、具有多种自然灾害;一个系统,可能分布于多个区域,用来监测某一类自然灾害;一类自然灾害,涉及多个区域,由多个独立系统进行监测;一个矿井,包含所有的区域,所有自然灾害和所有系统。

基于这样的判断,构建煤矿安全监管指标体系,一是要建立各子系统的安全指标体系,二是要突出重点,对各类自然灾害建立安全指标体系,三是要针对特定生产区域,建立区域安全指标体系,然后再对系统、自然灾害和生产区域的预警指标体系进行融合综合,建立矿井安全指标体系,这样构建一个多层次、多维度的预警指标体系,从不同的角度去评价矿井安全风险现状和态势,并为层级的管理需要提供依据。子系统的安全指标对于煤矿安全管理和地市级的安全监管更有意义,而自然灾害、区域以及矿井的安全指标对于国家和省级、行业安监部门的安全监管更有意义。

通过对"人、机、环、管"四个方面建立安全指标体系,这些指标的获取均可通过不同的监测监控系统实现,而对自然灾害、区域、矿井的综合性安全指标,则需要对不同系统的监控监测指标进行综合和集成,采用先进的大数据技术,进行综合研判,这是研究的方向和重点内容。

本章小结

在传统的安全监管技术体系下,安全监管监察部门缺乏掌握被监管煤矿信息的手段,更多重视的是监管哪些内容,以及按照一些基本信息对煤矿进行相对静态分级。这些监管监察方法对煤炭行业整体安全态势的不断向好做出了巨大的贡献,但也存在监管监察针对性差、对执法人员素质要求高、监管监察力量相对不足、过度监管对煤矿造成负面影响等问题。无论是安全监管监察部门还是煤炭企业,都对煤矿安全监管监察方式改革提出了紧迫的要求。

物联网技术的广泛应用,使得监管监察部门能够远程实时了解被监管对象与安全有关数据的变化情况,并可以通过人工智能、大数据分析等方法对煤矿安全风险态势、安全生产主体责任履职情况等进行判断,从而实现精准监管监察,真正解决当前存在的问题。物联网技术能够采集的数据很多,安全监管监察部门必须提前确认需要采集哪些数据、数据口径如何、采集周期等问题,这就需要对新时代煤矿安全监管指标体系进行研究和创新,从而提出面向未来、面向监管监察工作的监管模式和方法。

本章是在物联网于煤矿广泛、深入应用的假设下,对煤矿安全监管指标体系进行了重构研究。本章在对现行煤矿安全监管内容进行总结回顾的基础上,从煤矿安全监察的核心目标出发,对安全监管要素进行界定,并面向国家及省级监管监察机构、地市级安全监管监察机构、煤矿层面的安全监管部门分别构建了各自的监管指标体系。这些指标体系内容根据使用部门的特点和工作目标进行设置,体现出良好的针对性和科学性,能够有效解决当前各级煤矿安全监管监察部门职责与煤矿安全监管机构混淆、保姆式监管现象严重等问题。

在本章对物联网环境下煤矿安全监管指标体系研究的基础上,下一章将建设煤矿层面和安全监管层面的安全监管监察信息系统,通过信息化手段促进物联网技术带来的变革,切实实现安全监管监察方式方法创新,推动我国煤矿安全治理体系和治理能力现代化水平不断提升。

5　物联网环境下的煤矿安全监管云系统

基于物联网的煤矿安全监管云系统面向的用户为：国家矿山安全监察局（总局及各级分局）、煤矿地方监管部门、煤矿企业（煤矿企业集团及下辖的煤矿）、平台运维方。

5.1　系统目标

① 为国家矿山安全监察局（总局及各级分局）、煤矿地方监管部门、煤矿企业提供统一登录入口，支持电脑 PC 端和手机 App 端。国家矿山安全监察局（总局及各级分局）和煤矿地方监管部门可以根据监管的权限范围浏览风险地图，查看风险隐患及违章信息，远程视频观看煤矿现场，下达指令等。煤矿企业则可以通过系统自动上传或手动上传各类风险、隐患、违章等信息。

② 与地理信息系统（GIS）结合，支持基于 GIS 的矿图的编辑、导入、导出。系统提供 GIS 系统数据格式规范，各煤矿单位可以导入本单位的矿图并修改，支持基于位置的风险、隐患、违章等查询。

③ 集成现有系统的安全监测数据，实现基于地理位置的安全信息集成、分析。

为煤矿提供开放式接口 API，煤矿取得授权后，可以通过调用接口 API 实现煤矿各类监测数据的上传，并能够接收到系统依据上传的监测数据及其他信息智能给出的安全分析、预测预警等。

④ 实现煤矿安全的分级监察、监管，实现基于位置的煤矿危险源的显示、监测，实现事故的智能预警。

⑤ 实现安全风险的分区域、分级智能化预警。系统按区域，分别搜集、整理、智能分析各类煤矿数据，按区域实现煤矿事故的智能化预警。

⑥ 为煤矿企业提供煤矿安全风险管理提供运行信息化平台支持。煤矿可

以自建安全风险管理的信息化平台,也可以直接使用煤矿安全监管云平台完成安全管理。

⑦ 基于云架构部署,支持后台系统服务器和数据服务器的动态增减,支持服务器的全国分布式部署和分级管理。

5.2　系统架构

系统架构如图 5-1 所示。

煤矿安全监管云系统采用五层架构,分别是:感知层、传输层、煤矿应用层、平台运维层、监管应用层。

(1) 第一层:感知层

感知层充分利用煤矿现有的及未来要建设的各类设施设备、系统,建设的主体为各类煤矿企业,建设内容主要包括:各类传感器、RFID、图像识别与视频识别设施设备,对"人、机、环、管"的感知、识别应建立在煤矿领域本体的基础上。感知层也可以建设具有独立自主决策的各类智能体,使得煤矿的各类设施设备、环境等具备思考能力,能够主动规避风险,与煤矿工作人员进行安全互动。

(2) 第二层:传输层

传输层与感知层一样,也是充分利用煤矿现有的及未来要建设的各类设施设备、系统,建设的主体为各类煤矿企业。传输层应支持异构网络、专用网络、5G 网络。

(3) 第三层:煤矿应用层

煤矿应用层为煤矿建设的各类安全管理系统,煤矿应用层通过平台运维层的开放接口向上层传输采集的和加工的各类数据。平台为各类煤矿企业提供了"煤矿安全态势预测预警系统",该系统构建了基于大数据的矿山安全预测预警指标体系和方法体系,建立了瓦斯事故、机电事故的贝叶斯网络预测预警模型,解决了复杂环境下矿山安全态势难以及时准确预测预警的问题。

(4) 第四层:平台运维层

平台运维层提供计算、存储、接口服务,支持计算和存储的动态增减,为监管应用层提供透明的计算和存储功能。其中,计算、存储设备、接口服务可以分级部署,在各省安全监察局部署省级计算、存储设备、接口服务;在煤矿较多的省份,支持在煤矿企业集团部署计算存储设备。该层为监管应用层提供中间件

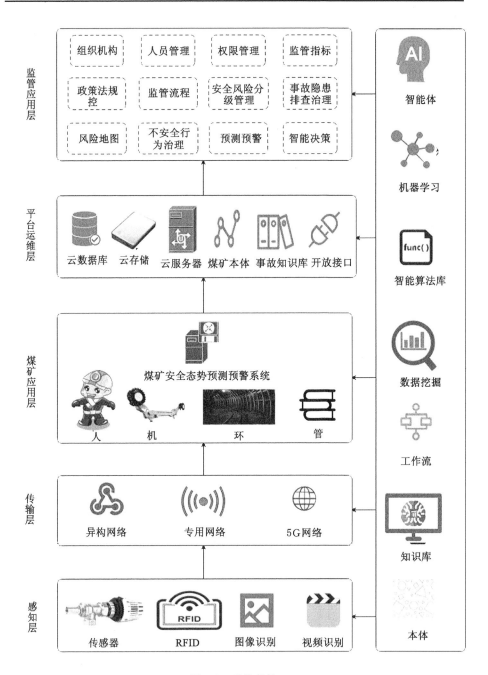

图 5-1　系统架构

(HTTP 服务网、容器服务)和数据库,支持中间件和数据库的负载均衡;可以定义、发布煤矿安全监察部门提供的煤矿领域本体、事故机理知识库等规范,为各类设备、系统厂商提供生产依据。

(5)第五层:监管应用层

监管应用层为煤矿安全监察部门、监管部门提供流程化、信息化、规范化、智能化的监管支持。主要功能包括:组织机构、人员管理、权限管理、监管指标、政策法规、监管流程、安全风险分级管控、事故隐患排查治理、不安全行为治理、风险地图、预测预警、智能决策等。

5.3　开发工具

系统基于 Java 语言开发,采用 IntelliJ IDEA 开发工具,数据库为 MySQL,使用数据库中间件 MyCat2 搭建分布式数据库,采用对象存储形式存储各类文件。

5.3.1　Java 语言

Java 是由 Sun Microsystems 公司于 1995 年 5 月推出的 Java 面向对象程序设计语言和 Java 平台的总称。Java 语言的主要特性如下:

① Java 语言是简单的。Java 语言的语法与 C 语言和 C++ 语言很接近,使得大多数程序员很容易学习和使用。另外,Java 丢弃了 C++ 语言中很少使用的、很难理解的、令人迷惑的那些特性,如操作符重载、多继承、自动的强制类型转换。特别地,Java 语言不使用指针,而是引用,并提供了自动分配和回收内存空间,使得程序员不必为内存管理而担忧。

② Java 语言是面向对象的。Java 语言提供类、接口和继承等面向对象的特性,为了简单起见,只支持类之间的单继承,但支持接口之间的多继承,并支持类与接口之间的实现机制(关键字为 implements)。Java 语言全面支持动态绑定,而 C++ 语言只对虚函数使用动态绑定。总之,Java 语言是一个纯的面向对象程序设计语言。

③ Java 语言是分布式的。Java 语言支持 Internet 应用的开发,在基本的 Java 应用编程接口中有一个网络应用编程接口(java net),它提供了用于网络应用编程的类库,包括 URL、URLConnection、Socket、ServerSocket 等。Java 的 RMI(远程方法激活)机制也是开发分布式应用的重要手段。

④ Java 语言是健壮的。Java 的强类型机制、异常处理、垃圾的自动收集等是 Java 程序健壮性的重要保证。对指针的丢弃是 Java 的明智选择。Java 的安全检查机制使得 Java 更具健壮性。

⑤ Java 语言是安全的。Java 通常被用在网络环境中，为此，Java 提供了一个安全机制以防恶意代码的攻击。除了 Java 语言具有的许多安全特性以外，Java 对通过网络下载的类具有一个安全防范机制（类 ClassLoader），如分配不同的名字空间以防替代本地的同名类、字节代码检查，并提供安全管理机制（类 SecurityManager）让 Java 应用设置安全哨兵。

⑥ Java 语言是体系结构中立的。Java 程序（后缀为 java 的文件）在 Java 平台上被编译为体系结构中立的字节码格式（后缀为 class 的文件），然后可以在实现这个 Java 平台的任何系统中运行。这种途径适合于异构的网络环境和软件的分发。

⑦ Java 语言是可移植的。这种可移植性来源于体系结构中立性，另外，Java 还严格规定了各个基本数据类型的长度。Java 系统本身也具有很强的可移植性，Java 编译器是用 Java 实现的，Java 的运行环境是用 ANSI C 实现的。

⑧ Java 语言是解释型的。如前所述，Java 程序在 Java 平台上被编译为字节码格式，然后可以在 Java 平台的任何系统中运行。在运行时，Java 平台中的 Java 解释器对这些字节码进行解释执行，执行过程中需要的类在联接阶段被载入到运行环境中。

⑨ Java 是高性能的。与那些解释型的高级脚本语言相比，Java 的确是高性能的。事实上，Java 的运行速度随着 JIT（Just-In-Time）编译器技术的发展越来越接近于 C++。

⑩ Java 语言是多线程的。在 Java 语言中，线程是一种特殊的对象，它必须由 Thread 类或其子（孙）类来创建。通常有两种方法来创建线程：其一，使用型构为 Thread(Runnable) 的构造子类将一个实现了 Runnable 接口的对象包装成一个线程；其二，从 Thread 类派生出子类并重写 run 方法，使用该子类创建的对象即为线程。值得注意的是 Thread 类已经实现了 Runnable 接口，因此，任何一个线程均有它的 run 方法，而 run 方法中包含了线程所要运行的代码。线程的活动由一组方法来控制。Java 语言支持多个线程的同时执行，并提供多线程之间的同步机制（关键字为 synchronized）。

⑪ Java 语言是动态的。Java 语言的设计目标之一是适应于动态变化的环境。Java 程序需要的类能够动态地载入运行环境，也可以通过网络来载入所需

要的类。这也有利于软件的升级。另外,Java 中的类有一个运行时刻的表示,能进行运行时刻的类型检查。

5.3.2　IntelliJ IDEA

IDEA 全称 IntelliJ IDEA,是 Java 编程语言开发的集成环境。IntelliJ 是业界公认的最好的 java 开发工具,尤其在智能代码助手、代码自动提示、重构、JavaEE 支持、各类版本工具(git、svn 等)、JUnit、CVS 整合、代码分析、创新的 GUI 设计等方面的功能可以说是超常的。

IDEA 提倡智能编码,减少程序员的工作量,IDEA 的特色功能简介如下。

智能选取:很多时候我们要选取某个方法或某个循环,或想一步一步从一个变量到整个类慢慢扩充着选取,IDEA 就提供这种基于语法的选择,在默认设置中 Ctrl＋W,可以实现选取范围的不断扩充,这种方式在重构的时候尤其显得方便。

丰富的导航模式:IDEA 提供了丰富的导航查看模式,例如 Ctrl＋E 显示最近打开过的文件,Ctrl＋N 显示希望显示的类名查找框(该框同样有智能补充功能,当输入字母后 IDEA 将显示所有候选类名)。在最基本的 project 视图中,还可以选择多种视图方式。

历史记录功能:不用通过版本管理服务器,单纯的 IDEA 就可以查看任何工程中文件的历史记录,在版本恢复时可以很容易地将其恢复。

对重构的优越支持:IDEA 是所有 IDE 中最早支持重构的,优秀的重构能力一直是其主要卖点之一。

编码辅助:Java 规范中提倡的 toString()、hashCode()、equals()以及所有的 get/set 方法,可以不用进行任何的输入就可以实现代码的自动生成。

灵活的排版功能:所有的 IDE 都有重排版功能,但仅有 IDEA 的是人性化的,因为它支持排版模式的定制,可以根据不同的项目要求采用不同的排版方式。

xml 全提示支持:所有流行框架的 xml 文件都支持全提示。

动态语法检测:任何不符合 Java 规范、自己预定义的规范都将在页面中加亮显示。

代码检查:对代码进行自动分析,检测不符合规范的及存在风险的代码,并加亮显示。

对 JSP 的完全支持:不需要任何的插件,完全支持 JSP。

智能编辑:代码输入过程中,自动补充方法或类。

EJB 支持:不需要任何插件,完全支持 EJB。

列编辑模式:UtralEdit 的列编辑模式减少了很多无聊的重复工作,而 IDE-A 完全支持该模式,从而更加提高了编码效率。

预置模板:可以把经常用到的方法编辑进模板,使用时只用输入简单的几个字母就可以完成全部代码的编写。例如使用率比较高的 public static void main(String[] args){},可以在模板中预设 pm 为该方法,只要输入 pm 再按代码辅助键,IDEA 将完成代码的自动输入。

完美的自动代码完成:智能检查类中的方法,当发现方法名只有一个时自动完成代码输入,从而减少剩下代码的编写工作。

版本控制完美支持:集成了市面上常见的所有版本控制工具插件,包括 git、svn、github,让开发人员在编程的过程中直接在 intellij idea 里就能完成代码的提交、检出、解决冲突、查看版本控制服务器内容,等等。

不使用代码的检查:自动检查代码中不使用的代码,并给出提示,从而使代码更高效。

智能代码:自动检查代码,发现与预置规范有出入的代码给出提示,若程序员同意修改自动完成修改。例如代码:String str = "Hello IntelliJ" + "IDE-A";IDEA 将给出优化提示,若程序员同意修改 IDEA 则自动将代码修改为:String str = "Hello IntelliJ IDEA"。

正则表达式的查找和替换功能:查找和替换支持正则表达式,从而提高效率。

JavaDoc 预览支持:支持 JavaDoc 的预览功能,在 JavaDoc 代码中 Ctrl＋Q 显示 JavaDoc 的结果,从而提高 doc 文档的质量。

程序员意图支持:IDEA 时时检测程序员编码的意图,或提供建议,或直接完成代码。

5.3.3 MyCAT

MyCAT 是一个彻底开源的,面向企业应用开发的大数据库集群,支持事务、ACID、可以替代 Mysql 的加强版数据库;一个可以视为"Mysql"集群的企业级数据库,用来替代昂贵的 Oracle 集群;一个融合内存缓存技术、Nosql 技术、HDFS 大数据的新型 SQL Server;结合传统数据库和新型分布式数据仓库的新一代企业级数据库产品,一个新颖的数据库中间件产品。

① 目标:低成本地将现有的单机数据库和应用平滑迁移到云端,解决数据存储和业务规模迅速增长情况下的数据瓶颈问题。

② 关键特性:支持 SQL 92 标准,支持 Mysql 集群,可以作为 Proxy 使用;支持 JDBC 连接 ORACLE、DB2、SQL Server,将其模拟为 MySQL Server 使用;支持 galera for mysql 集群,percona-cluster 或者 mariadb cluster,提供高可用性数据分片集群,自动故障切换,高可用性;支持读写分离;支持 Mysql 双主多从以及一主多从的模式;支持全局表,数据自动分片到多个节点,用于高效表关联查询;支持独有的基于 E-R 关系的分片策略,实现了高效的表关联查询多平台支持、部署和实施简单。

③ 优势:基于阿里开源的 Cobar 产品而研发,Cobar 的稳定性、可靠性、优秀的架构和性能以及众多成熟的使用案例使得 MyCAT 一开始就拥有一个很好的起点。广泛吸取业界优秀的开源项目和创新思路,将其融入到 MyCAT 的基因中,这使得 MyCAT 在很多方面都领先于目前其他一些同类的开源项目,甚至超越某些商业产品。MyCAT 背后有一只强大的技术团队,其参与者都是 5 年以上资深软件工程师、架构师、DBA 等,优秀的技术团队保证了 MyCAT 的产品质量。

5.3.4 对象存储

存储局域网(SAN)和网络附加存储(NAS)是目前两种主流网络存储架构,而对象存储(Object-based Storage,OBS)是一种新的网络存储架构,基于对象存储技术的设备就是对象存储设备(Object-based Storage Device,OSD)。1999 年成立的全球网络存储工业协会(SNIA)的对象存储设备工作组发布了 ANSI 的 X3T10 标准。总体上来讲,对象存储综合了 NAS 和 SAN 的优点,同时具有 SAN 的高速直接访问和 NAS 的分布式数据共享等优势,提供了具有高性能、高可靠性、跨平台以及安全的数据共享的存储体系结构。

① SAN 存储架构。它采用 SCSI 块 I/O 的命令集,通过在磁盘或 FC(Fiber Channel)级的数据访问提供高性能的随机 I/O 和数据吞吐率,它具有高带宽、低延迟的优势,在高性能计算中占有一席之地,如 SGI 的 CXFS 文件系统就是基于 SAN 实现高性能文件存储的。但是,SAN 系统的价格较高,且可扩展性较差,已不能满足成千上万个 CPU 规模的系统。

② NAS 存储架构。它采用 NFS 或 CIFS 命令集访问数据,以文件为传输协议,通过 TCP/IP 实现网络化存储,可扩展性好、价格便宜、用户易管理,如目

前在集群计算中应用较多的 NFS 文件系统。NAS 的协议开销高、带宽低、延迟大,不利于在高性能集群中应用。

③ 对象存储架构:核心是将数据通路(数据读或写)和控制通路(元数据)分离,并且基于对象存储设备构建存储系统,每个对象存储设备具有一定的智能,能够自动管理其上的数据分布。对象存储架构由对象、对象存储设备、元数据服务器、对象存储系统的客户端四部分组成。

对象存储架构如图 5-2 所示。

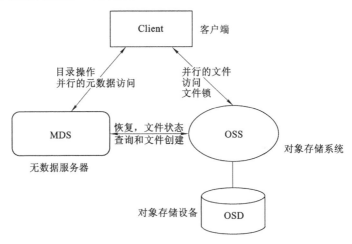

图 5-2　对象存储架构

5.4　系统功能

5.4.1　组织机构管理

组织机构设置如图 5-3 所示。

国家矿山安全监察局下可以设置各省安全监察局,各省安全监察局下设置各市分局,各市安全监察分局下可以设置各区县分局。

国家矿山安全监察局及各级分局下都可以设置其监管的煤矿。

5.4.2　人员管理

人员管理界面如图 5-4 所示。可以在国家矿山安全监察局及各级分局下添

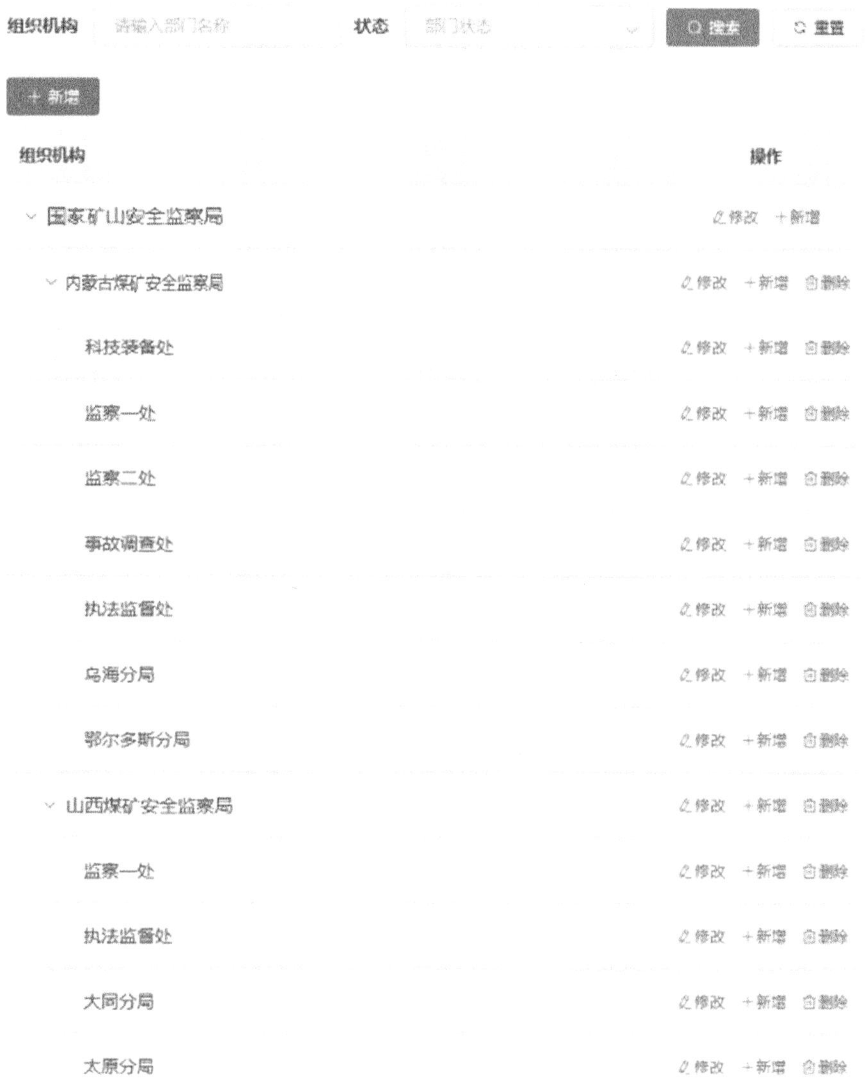

| 组织机构 | 请输入部门名称 | 状态 | 部门状态 | ⌄ | 🔍 搜索 | ⟳ 重置 |

＋ 新增

组织机构	操作
⌄ 国家矿山安全监察局	✎ 修改　＋ 新增
⌄ 内蒙古煤矿安全监察局	✎ 修改　＋ 新增　🗑 删除
科技装备处	✎ 修改　＋ 新增　🗑 删除
监察一处	✎ 修改　＋ 新增　🗑 删除
监察二处	✎ 修改　＋ 新增　🗑 删除
事故调查处	✎ 修改　＋ 新增　🗑 删除
执法监督处	✎ 修改　＋ 新增　🗑 删除
乌海分局	✎ 修改　＋ 新增　🗑 删除
鄂尔多斯分局	✎ 修改　＋ 新增　🗑 删除
⌄ 山西煤矿安全监察局	✎ 修改　＋ 新增　🗑 删除
监察一处	✎ 修改　＋ 新增　🗑 删除
执法监督处	✎ 修改　＋ 新增　🗑 删除
大同分局	✎ 修改　＋ 新增　🗑 删除
太原分局	✎ 修改　＋ 新增　🗑 删除

图 5-3　组织机构界面

加、修改、删除、导入、导出人员,上级机构的管理员可以管理下级机构的人员,下级机构的管理员不能管理上级机构的人员。对人员进行修改时,可以选择其具有的角色,从而赋予相应的操作权限。

图 5-4　人员管理设置

5.4.3　权限管理

权限管理界面如图 5-5 所示。可以依据区域、分类、单位、监管流节点及四者的综合对监管用户进行授权。

图 5-5　权限管理界面

5.4.4　监管指标

监管指标界面如图 5-6 所示。监管指标由国家矿山安全监察局设定统一标准,各级监察局和煤矿单位可以根据其情况进行拓展,但不得减少。有了监管指标体系后,各级监察局和煤矿应将指标逐步分解,确保每条指标有人监察、有人落实。根据指标的性质确定指标的监测方式,能够通过物联网监测设备获取数据的,就采用自动监测方式,否则由监察人员和安全管理人员进行人工监测。根据各指标的监测情况对煤矿及区域进行综合评价。

图 5-6　监管指标界面

5.4.5　政策法规

政策法规栏目和管理界面如图 5-7 和图 5-8 所示。煤矿各级安全监察部门可以设定相应的政策法律法规栏目,编辑相关的法律法规资料。

图 5-7　政策法规栏目界面

5.4.6　监管流程

监管流程界面如图 5-9 所示。各级监察局可以通过图形化的方式自定义监管流程,流程节点支持选择人员、相对角色、角色、岗位,节点的执行顺序支持串

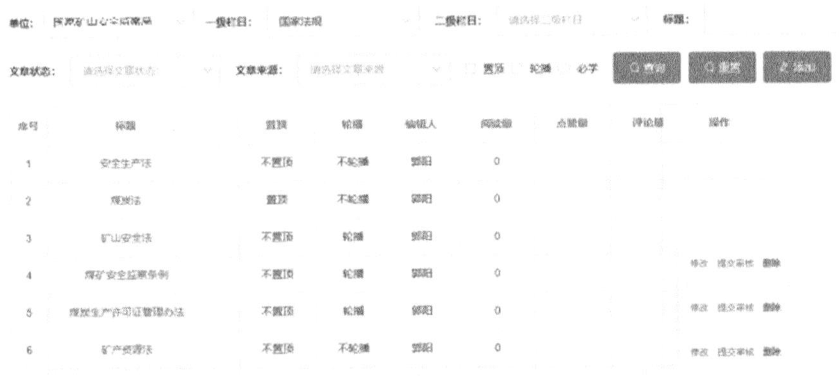

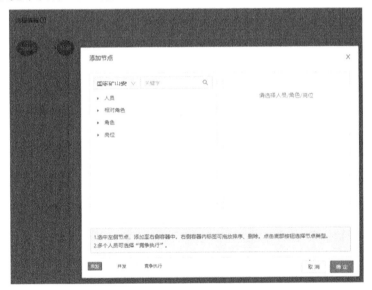

图 5-8　政策法规管理界面

发、并发、竞争执行，可以满足各类监管业务的流程需求。

图 5-9　监管流程设置界面

5.4.7　安全风险分级管控

可以通过安全风险分级管控模块查看全国的风险地图、重大危险源、实时监测监控数据、风险清单，可以查看各级人员的责任清单，可以查看某个煤矿的应急处置卡、风险公告栏、风险告知卡。

5.4.8 事故隐患排查治理

事故隐患排查治理界面如图 5-10 所示。可以查看监察监管范围内的事故隐患地图分布情况、重大隐患,可以实施隐患的挂牌督办,支持依据风险清单的动态化的隐患排查,还提供了隐患按等级、地点等的统计功能及走势分析等。

图 5-10 事故隐患排查治理界面

5.4.9 不安全行为治理

不安全行为治理部分界面如图 5-11 所示。可以查看监察监管范围内的不安全行为的分布地图,能够进行不安全行为的综合查询,支持不安全行为的原因的深入分析,为不安全行为的治理提供精准化支持,可以对各类不安全行为进行统计分析,可以浏览不安全行为的走势。

图 5-11 不安全行为治理界面

5.4.10 预测预警

支持风险的单点预警、区域预警、专业预警、其他预警,实现风险预警信息的逐级上报,推送至手机和 PC 端。默认国家矿山安全监察局的用户看到全国的分区域、分专业预警信息,可以进一步进行放大或缩小范围查看,省级监察局看到监察范围内的分区域、分专业预警信息,煤业集团用户看到全集团其分管的分专业的预警信息,煤矿用户看到本矿的预警信息,矿领导看到全矿的预警信息,员工看到本岗位相关的预警信息。

5.5 事故预警知识库模型

智能体(Agent)实现煤矿事故智能预警的前提是其具有关于煤矿事故预警相关的知识库,使其可以在感知周围的情况下,结合知识库进行推理判断,进而实现事故的智能预警。因此,煤矿事故预警知识库的构建对于基于物联网的煤矿智能化监察监管尤为重要。

5.5.1 知识库的构成及关系

煤矿事故预警知识库包括两个部分:① 术语集 TBox、断言集 ABox;② 推理机。术语集 TBox、断言集 ABox 用来显性地描述煤矿事故预警知识,而推理机则可以根据术语集 TBox、断言集 ABox 描述的显性知识推理出隐性的煤矿事故预警知识,二者的组合决定了煤矿事故预警知识库的表达能力与内容。

由于本体作为知识的一种表示形式已经被万维网联盟(W3C)采纳,并于 2004 年 2 月颁布了 OWL Web 本体语言(Web Ontology Language)推荐标准,于 2012 年 12 月颁布了 OWL 2 Web 本体语言在知识表达、人工智能等领域扮演着越来越重要的作用,因此,这里采用 OWL 2 Web 本体语言对煤矿事故预警知识库的术语集 TBox、断言集 ABox 进行描述表达。煤矿事故预警知识库框架模型如图 5-12 所示。

术语集 TBox、断言集 ABox 的内容是建立在基于根源危险源的事故致因机理和时空逻辑的基础上的,分为四个层次,每一层都是在其下面层次的基础上构建的。第一层:基于根源危险源的事故致因机理和时空逻辑。基于根源危险源的事故致因机理阐释从根源危险源到事故、损失的演化路径,时空逻辑则

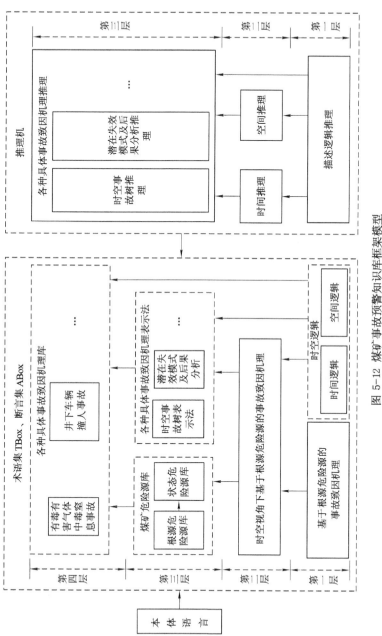

图 5-12 煤矿事故预警知识库框架模型

确定时空实体的分类及其相互关系,第一层是其他层次的基础。第二层:时空视角下基于根源危险源的事故致因机理,阐释了从根源危险源到事故、损失都是在一定的时空条件下发生的。第三层:包括煤矿危险源库和各种具体事故致因机理表示法,煤矿危险源库是依据时空视角下的基于根源危险源的事故致因机理涉及的根源危险源、状态危险源的概念完成的,包括三方面的内容:① 根源的分类及层次关系,如将根源危险源分为:人、物、组织、系统,并对其进一步细分,如将人分为安全生产负责人、安全生产管理人员、特殊工种、其他工种等。② 具体存在的实体属于哪个根源危险源类别,如张三是采煤机司机。③ 状态危险源清单。第四层:具体煤矿事故致因机理,如有毒有害气体中毒窒息事故机理描述、井下车辆撞人事故致因机理描述等,在构建具体煤矿事故致因机理时需要用到第三层的煤矿危险源库、各种具体事故致因机理表示法和第一层的时空逻辑。

推理机如图 5-12 所示,分为三个层次,上一层次的推理建立在下一层次推理的基础上,如时间推理是建立在描述逻辑推理的基础上的,各种具体事故致因机理推理是建立在第一层的描述逻辑推理和第二层的时间推理、空间推理的基础上的。第一层为描述逻辑推理,推理任务主要分为两个方面:TBox 推理、ABox 推理。第二层为时间推理和空间推理。第三层的各种具体事故致因机理推理则是事故发生的可能路径及时空条件的推理,并可以根据感知的根源危险源状态及时空信息推理事故发生的可能性,进而实现事故预警。

5.5.2 知识库的术语集、断言集

(1) 基于根源危险源的事故致因机理和时空逻辑

基于根源危险源的事故致因机理的相关术语包括:根源危险源、状态危险源、隐患、风险、风险等级、预警等级、事故、事故等级、损失等概念,通过这些概念间的关系的描述,给出从根源危险源到事故的演化路径。

相关的断言主要包括:状态危险源属于根源危险源、根源危险源出现状态危险源变成隐患、隐患产生风险、风险有风险等级、风险等级对应预警等级、隐患可能引起事故的发生、事故造成损失、事故有事故等级等。

时间逻辑主要包括时间概念的分类及概念间的关系,概念分为:时间实体、时间点、时间段、时间逻辑关系。相关的断言有:时间点属于时间实体、时间段属于时间视体、之前属于时间逻辑关系、包含属于时间逻辑关系等。

空间逻辑主要包括空间概念的分类及概念间的关系,概念分为:空间实体、

点、线、面、逻辑关系。相关的断言有：点属于空间实体、面属于空间实体、拓扑关系属于空间逻辑关系、方位关系属于空间逻辑关系等。

（2）时空视角下基于根源危险源的事故致因机理

时空视角下基于根源危险源的事故致因机理，是在基于根源危险源的事故致因机理的基础上加上时空约束构成的，其术语集包括：时间约束、空间约束、拓扑约束、方位关系约束、绝对方位关系约束、相对方位关系约束、度量约束等。

断言主要包括：拓扑约束属于空间约束、方位关系约束属于空间约束、绝对方位关系约束属于方位关系约束等。

（3）各种具体事故致因机理表示法

各种具体事故致因机理表示法包括事故树分析方法、潜在失效模式及后果分析等，主要用于分析具体事故的发生机理，如瓦斯爆炸事故树等。

各种具体事故致因机理表示法应明确其构成要素及其关系声明。如事故树分析方法的术语集包括：事件、顶上事件、中间事件、基本事件、逻辑门、与门、或门、非门等。相关的断言有：与门属于逻辑门、或门属于逻辑门、基本事件属于事件、中间事件属于事件、中间事件有逻辑门等。

（4）煤矿危险源库

煤矿危险源库由根源危险源、状态危险源构成，根源危险源下可以分为人、组织、物、系统，人又可以进一步细分为：安全生产负责人、安全生产管理人员、特殊工种、其他工种等。因此，其术语集包括：根源危险源、状态危险源、人、组织、物、系统、安全生产负责人、特殊工种、采煤机司机、采煤机、瓦斯、顶板等煤矿中存在的有形或无形的实体所对应的概念。

本部分的主要断言用于描述根源危险源类别的层次关系、某个状态危险源属于某个根源危险源、某个实体属于某个类别的根源危险源、某个状态危险源有什么样的风险等级等。如：采煤机属于特殊工种、特殊工种属于人、张三是采煤机司机、人的状态危险源有井下逆行、采煤机有状态危险源割煤时不喷雾、采煤机割煤不喷雾的风险等级为中等风险，等等。

（5）具体煤矿事故致因机理库

具体煤矿事故致因机理库主要是结合具体事故致因机理表示法和煤矿危险源库对可能发生的事故进行机理描述，因此，其术语集已经包含在（3）（4）中。其断言主要用来描述具体事故致因机理表示法的要素和根源危危险源、状态危险源之间的关系。如时空事故树中的某个基本事件对应根源危险源"瓦斯"的状态危险源"浓度超限"。

5.5.3　知识库的推理机

（1）描述逻辑推理

OWL2 本体语言属于描述逻辑语言的一种，描述逻辑推理是根据描述逻辑语言构造算子设计相应的推理算法，对知识库中存储的显性的 TBox 和 ABox 知识进行推理，获取隐性知识以服务相关的应用。其中，TBox 中的概念术语的推理又分为四个方面：可满足性检测、包含关系检测、等价关系检测、相离关系检测。ABox 中推理的最基本任务是一致性检测。

（2）时间推理和空间推理

时间推理是已知时间 t1 和时间 t2 之间的关系及时间 t2 和时间 t3 之间的关系，通过时间推理获取时间 t1 和时间 t3 之间的关系。类似的，空间推理是在已知空间 s1 和空间 s2 之间的关系及空间 s2 和空间 s3 之间的关系，通过空间推理获取空间 s1 和空间 s3 之间的关系。空间推理主要包括三个方面：拓扑关系推理、绝对方位关系推理、相对方位关系推理。

（3）各种具体事故致因机理推理

各种具体事故致因机理推理依据各自的表示方法的特点与逻辑关系，对事故发生的路径、可能性等进行推理计算，以便为事故预警提供信息支持。

如时空事故树是在传统事故树的基础上增加了本体概念及时空约束逻辑，本体概念的运用使其具有更好的推理条件，如假定某个事故树中有一个基本事件"有毒有害气体超标"，那么，根据风险本体中的逻辑可知瓦斯、一氧化碳等均属有毒有害气体，就可以推理：瓦斯超标即导致该基本事件的发生。而时空约束逻辑的加入使其描述的事故机理更贴近实际情况。如在有毒有害气体中毒事故的发生中仅描述两个条件"人员、有毒有害气体超标"是不够的，如果人员在有毒有害的气体中（空间约束）停留时间极短，低于中毒时间下限（时间约束），则不会发生有毒有害气体中毒事件。

时空事故树的定性推理计算、定量推理计算的基本步骤，与传统事故树的定性定量计算的基本步骤基本一样。但在其求解出最小割集、最小径集、顶上事件发生概率等信息后，可以依据基本事件所属的根源危险源做进一步的推理，同时依据时空约束描述及获取的实时信息可以判断事故发生的可能性，进而为事故预警提供信息支持。

5.5.4 系统时空逻辑设计

因为具体事故的致因机理的表示离不开时空表达,任何事故都是在一定的时空条件下发生的,如瓦斯爆炸事故必须满足三个条件:① 一定的瓦斯浓度(瓦斯浓度在 5%—16% 之间);② 一定的引火温度(温度在 650～750 ℃ 之间);③ 充足的氧气含量(氧气浓度不得低于 12%)。其中,隐含的时间约束为两个:① 三个条件同时存在;② 一定的引火温度的存在时间大于瓦斯爆炸的感应期。隐含的空间约束是:三个条件发生在同一地点。

要使智能体能够根据含有时空表达的事故致因机理进行智能推理、预警,就必须规范地表达事故致因机理中的时间关系和空间关系,使其具备逻辑推理的条件。本节拟在现有的时间模型和空间模型研究的基础上,建立事故预警知识库的时空逻辑,为事故预警知识库中的时空本体和具体事故致因机理表示法提供理论依据,为事故的智能预警提供时空逻辑支撑。

(1)系统时间逻辑设计

时间逻辑是建立在时间表示模型的基础之上的。时间分为两种类型:时间点(TimePoint)和时间段(Interval)。

时间的表示模型也分为两大类:基于点的时间表示模型和基于段的时间表示模型。二者在表示能力上是等价的,因为时间段可以用一系列的时间点集合进行表示,而时间点可以用起始点和终结点相等的时间段进行表示。

本节首先将时间点和时间段抽象为更高层次的概念"时间实体",同时确定了时间实体的两个属性"时区、时长",然后设计了点段结合的时间表示,最后设计了事故致因的时间模型,如图 5-13 所示。

事故致因时间模型主要分为两部分:时间实体及其属性、点段结合的时间表示。

描述事故的演化路径、发生过程离不开时间的有效表示,而要表示时间则首先应该确定时间有哪些分类。现有的研究将时间分为两类:时间点和时间段,本章在此基础上抽象概括了更高层次的时间概念:时间实体。

由于地球的自转,同样的时间表示,在不同时区对应的时间是不一样的,为了准确地表示具体的时间点及时间段,便于信息的交换与推理,必须为时间实体定义时区属性。

时间实体自然拥有时长属性,时长即时间的跨度,时间点的时长即时间粒度。时间段的时长通常大于时间粒度,但当时间段的起始时间和结束时间相等

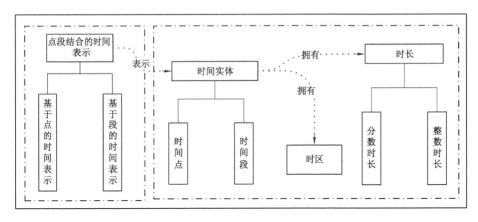

图 5-13　事故致因时间模型

时,其时长也为时间粒度,此时的时间段表示的就是一个时间点。

有了时间的分类及其属性划分后,就需要确定如何对其进行有效表示。现有的时间表示分为两种方法:基于点的时间表示和基于段的时间表示,本部分在此基础上,设计了点段结合的时间表示。

① 时间实体的分类及属性。时间点代表时间坐标轴上的一点,而时间段则是时间坐标轴上连续的点的集合。无论是时间点还是时间段都是用来表示时间的,具有一些共同的特征,如:所属的时区、可以和其他时间实体进行前后的逻辑比较等。因此,在时间点和时间段概念的基础上可以抽象出一个父级概念"时间实体"。其与时间点和时间段的关系如图 5-14 所示。

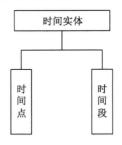

图 5-14　时间实体的分类

时间实体拥有的属性有时区和时长,如图 5-15 所示。

瓦斯浓度、水位、粉尘浓度等信息的监测是以时间点为单位的,以给定的时间点的相应数据来描绘其状态。给定任意一个时间区间(时间段),可以将其无限细分成无数的时间点。但时间刻画粒度越小,对计算的存储和计算功能则提

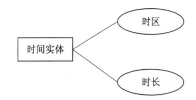

图 5-15 时间实体的属性

出了越高的要求,降低了系统的响应速度与时间。因此必须在尽可能确保安全的前提下,在时间粒度和效率之间寻求平衡。本章拟将时间粒度设定为毫秒,因此时间的表示格式为:年-月-日-时-分-秒-毫秒。

时间点属于时间实体,因此,继承了时区和时长属性,其属性如图 5-16 所示。

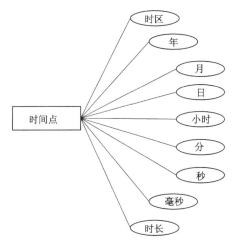

图 5-16 时间点属性

时间段除了从父类时间实体那里继承了时区和时长属性外,还有起始时间和结束时间属性,如图 5-17 所示。

根据时间段是全闭区间、半闭区间还是全开区间,将时间段分为如图 5-18 所示的四类。其中:时间段 LR 表示全闭区间、时间段 L 表示左闭右开区间、时间段 R 表示左开右闭区间、时间段 O 表示全开区间。

时长可以用来描述时间跨度的长短,如前述的瓦斯爆炸事故的第二个条件"一定的引火温度的存在时间大于瓦斯爆炸的感应期"中"瓦斯爆炸的感应期"指的就是不包含起止时间点的时间段。

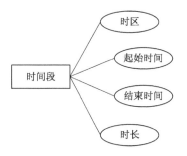

图 5-17　时间段属性

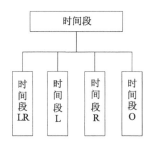

图 5-18　时间段的分类

时长可以用年、月、日、小时、分等来表示其长度,为了和时间点的表示格式保持一致,决定用年、月、日、小时、分、秒、毫秒来表示时长。但此处的"年"指的是时间跨度多少年,而不是时间点中指的某一年的含义,月、日、小时、分、秒、毫秒等亦是如此。

②点段结合的时间表示。

——基于点的时间表示。基于点的时间表示,把时间看成一个个孤立的点,当时间的刻画粒度足够小时,即可以准确地描述相应领域的状态。根据本节中的时间点的属性的选择,此处将时间粒度定为1毫秒。

时间点以字母 P 表示,时间段用 I 表示,时间用 t 表示,则用时间点 P 表示时间段 I 有下列几种情况:

I＝{t,t<P}表示小于时间点 P 的时间段;

I＝{t,t≤P}表示小于等于时间点 P 的时间段;

I＝{t,t>P}表示大于时间点 P 的时间段;

I＝{t,t≥P}表示大于等于时间点 P 的时间段;

I＝{t,P1<t<P2}表示大于时间点 P1 且小于时间点 P2 的时间段;

I＝{t,P1≤t＜P2}表示大于等于时间点 P1 且小于时间点 P2 的时间段；

I＝{t,P1＜t≤P2}表示大于时间点 P1 且小于等于时间点 P2 的时间段；

I＝{t,P1≤t≤P2}表示大于等于时间点 P1 且小于等于时间点 P2 的时间段。

——基于段的时间表示。采用时间起止点描述的时间段有四种类型，以 p1 表示开始时间点，p2 表示终止时间点，则四种类型如表 5-1 所示。

表 5-1　时间段类型

四种类型	区间含义	图例
[p1,p2]	p1≤t≤p2	
[p1,p2)	p1≤t＜p2	
(p1,p2]	p1＜t≤p2	
(p1,p2)	p1＜t＜p2	

四种类型的时间段中的[p1,p2]可以用来表示本节中的时间点的概念，即当 p1＝p2 时，[p1,p2]的时间跨度为 0，此时表示的就是时间轴上的某个时间点。

其他三种类型的时间段则无法表示本节中的时间点的概念。

可以采用基于时间起止点的特定时段来描述危险源和隐患，如某员工井下工作期间携带烟火，其隐含的意思是某员工在[入井时间,升井时间]时间段内携带烟火。

时长和时间点组合可以描述包含时间起止点的时间段（Interval），如某矿瓦斯从 2014 年 5 月 26 日 13 时 25 分 55 秒开始超限了 3 个小时，其中的"2014 年 5 月 26 日 13 时 25 分 55 秒"是个时间点，"3 个小时"是时长，但二者组合描述则代了包含时间起止点的时间段，其区间为[2014 年 5 月 26 日 13 时 25 分 55 秒,2014 年 5 月 26 日 16 时 25 分 55 秒]。

——点段结合的时间模型。从前述可知:基于点的时间表示既可以表示时间点也可以表示时间段，如时间段[p1,p2]就是用两个时间点描述的，基于段的时间表示既可以表示时间段也可以表示时间点,如当时间段[p1,p2]中的 p1 和 p2 相等时,其表示的就是一个时间点。因此,基于点的时间表示和基于段的时间表示二者在时间表达能力上是等价的。但利用时间点表示时间段和利用时间段的特殊情况表示时间点,不利于基于时间问题的描述与推理,因此,本章拟采用点段结合的时间表示模型,如图 5-19 所示。

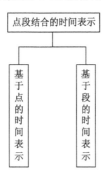

图 5-19 点段结合的时间表示模型

点段结合的时间模型的两条基本原则:时长为时间粒度的时间实体采用时间点表示;时长大于时间粒度的时间实体采用时间段表示。

(2)系统空间逻辑设计

① 空间实体的分类及属性。

事故都是在一定的时间和空间条件下发生的,如井下发生的各类人身伤害事故的必要条件"危险源"(有形的或无形的)与人体在空间上发生了接触。因此,要对事故进行智能预警,就必须感知、获取井下人员及各种环境、设备等各种根源危险源的时间、空间数据。而要获取空间数据,则首先应确定根源危险源的空间信息如何表达。

目前,与空间信息有关的信息模型分为三种:网状空间信息模型、场空间信息模型、基于对象的空间信息模型。

在网状空间信息模型中,采用链、节点等对象表示地物,同时给出其连通关系,将数据组织成有向图结构。网状空间信息模型的基本特征是:节点数据间没有明确的从属关系,一个节点可以与其他的多个节点建立联系。

网状空间信息模型反映了地物之间的多对多关系,在某种程度上支持数据的重构,具有一定程度的数据独立性和共享性,且运行效率高。但其也存在以下一些问题:网状结构的复杂性,使得用户查询和定位比较困难;网状数据操作命令具有过程式性质;不能够直接支持层次结构的表达;基本不具备演绎功能;基本不具备操作代数基础。

场空间信息模型通常用于具有连续的空间变化趋势的情况的建模。如:粉尘浓度、瓦斯浓度、井下湿度水平以及空气与水的流动速度和方向。场又分为二维场和三维场。二维场在二维空间中的任意点上,都有一个表示某一现象的值;而三维场是在三维空间中,对于任何位置来说都有一个表示某一现象的值。诸如粉尘浓度在空间中本质上讲是三维的。

在基于对象的空间信息模型中,把空间信息抽象成明确的、可识别的相关对象或实体。一个实体必须满足三个条件:重要(与问题相关)、有唯一标识、可被描述(有特征)。

空间对象的主要特点是属性可以分为截然不同的两类:空间属性和非空间属性。一个空间对象可以有多个空间属性和多个非空间属性。基于对象的空间信息模型适合表达离散的空间对象,如人工建筑物、自然对象等。

由于网络空间信息模型复杂,不利于逻辑推理实现智能预警,故不采用。因本章试图赋予根源危险源智能特性,使其具有感知周围信息、依据本体知识库进行自主预警的功能,井下的人员、设备普遍是离散分布的,尽管井下的环境如瓦斯浓度、粉尘浓度等为连续变量,适合于使用场空间信息模型进行表示,但本章试图建立的智能体将根据感知的周围的瓦斯、粉尘浓度的监测点直接进行决策,而不是依据周围的瓦斯、粉尘浓度的连续分布状况,这和人依据附近空气质量监测点监测的数据做出某种活动的智能决策行为是一致的。但根源危险源智能体的预警算法是开放的,允许动态加入新的依据场空间信息进行预警的算法,也即支持场空间信息模型与对象空间信息模型的混合。本章只试图基于对象空间信息模型构建根源危险源的相关空间信息。同时由于三维空间构建的复杂性,相关的推理理论基础尚不完备,因此本章的对象空间信息是二维的,即欧式平面,对于三维物体等将其投影到二维平面进行表示。

基于对象的空间信息模型的关键问题是:选择一组基本的空间数据类型。而欧式平面中基本的空间数据类型为:点、线、多边形。简单的连续的空间对象可以由点、线、多边形直接表示,如瓦斯监测点用点表示,通风管路用线表示,采煤机、掘进机等用二维投影的多边形表示。更复杂的空间对象可以使用点、线、多边形的组合进行表示。

为了便于空间数据的传输、交换及后期的逻辑推理,本章决定采用国际通用标准的 OGC 空间数据模型的子集(点、线、面)构建根源危险源的空间表示,

图 5-20 是根源危险源空间数据模型。

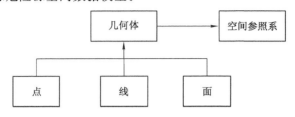

图 5-20　根源危险源空间数据模型

② 空间实体的逻辑关系分析。

空间实体的逻辑关系分为拓扑关系、方向关系、度量关系三个基本类型。拓扑关系指满足拓扑几何学原理的各空间数据间的相互关系。即用结点、弧段和多边形所表示的实体之间的邻接、关联、包含和连通关系。方向关系又称方位关系、延伸关系,它定义了对象之间的方位。基本空间对象(点、线、面)的度量关系包括点/点、点/线、点/面、线/线、线/面、面/面之间的距离。

本章采用开放国际标准 OGC 中的 7 种空间拓扑关系模型,对根源危险源的空间拓扑关系进行刻画,采用圆锥模型对根源危险源之间的方向关系进行描述,采用矩形参考模型对线、面结构的根源危险源之间的方位关系进行描述,根据安全事故原理确定了根源危险源空间度量变量主要包括距离和面积。

——基本空间对象间拓扑关系。空间拓扑关系是一种基本的空间关系,指的是在拓扑变换(如缩放、旋转、平移)下的拓扑不变量。如空间对象间的相离、相交、相切、重叠等均为拓扑关系。

OGC 定义了 8 个空间拓扑关系:disjoints、touches、crosses、within、overlaps、contains、intersects、equals,这 8 个关系构成了整个空间对象的拓扑关系空间的一个覆盖,其他更加复杂的拓扑关系都可以用这 8 个关系的组合来表示。

其中,disjoint 与 intersects 是互逆关系,即 a. intersects(b)≡! a. disjoints(b),intersects 关系是 touches、crosses、within、overlaps、contains、equals 关系的总和,可由其进行组合表示。因此,本章为了简化关系表示及推理,决定采用其中的 7 种关系:disjoints、touches、crosses、within、overlaps、contains、equals。

——事故致因的空间方位关系。空间方位关系用于描述空间对象的相对位置信息,可以分为三类:绝对的、相对目标的和基于观察者的。绝对方位关系是在全球参照系统的背景下定义的,如东、西、南、北、东南、西北等。相对目标的方位关系根据与所属目标的方向来定义,如前、后、左、右、左前等。基于观察者的方位关系是按照专门制定的观察者作为参考对象定义的。

根据空间基元的不同,空间方位关系描述方法分为两类:基于点的方位关系和基于区域的方位关系描述。本章拟对根源危险源的空间方位关系描述,既采用绝对的方位关系也采用相对目标的方位关系,对点结构的根源危险源采用基于点的方位关系描述方法,对线、面结构的根源危险源采用基于区域的方位关系描述方法。

• 点结构根源危险源的相对方位关系。要描述点结构根源危险源的相对方位关系(东、南、西、北等),就必须确定点结构根源危险源的内部参考框架。本章设定点结构根源危险源的内部参考框架为单十字模型,各点分别为前点(front point)、右点(right point)、后点(back point)、左点(left point)、中心点(center point),如图 5-21 所示。

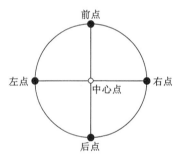

图 5-21　单十字内部参考框架模型

有了该内部参考框架后,参照圆锥模型对相对方位关系所对应的区域进行了划分,如图 5-22 所示。

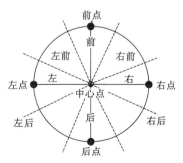

图 5-22　点结构相对方位圆锥模型俯视图

共分为八个方位：前（front）、后（back）、左（left）、右（right）、右前（right front）、左前（left front）、右后（right back）、左后（left back）。每个方向的夹角为 45 度。以十字架中的 front point 为零度起点，逆时针计算角度，则相对方位与角度的对应关系如表 5-2 所示。

其他根源危险源 b 与点结构根源危险源 a 的相对方位关系判定步骤如下：从根源危险源 b 的中心点引一条直线到根源危险源 a 的中心点；计算该直线与根源危险源 a 的左右线之间的角度；根据角度给出相对方位关系。

表 5-2　相对方位与角度的对应关系

相对方位关系	角度（°）
前	$[0,17.5] \cup (342.5,360]$
左前	$(17.5,62.5]$
左	$(62.5,107.5]$
左后	$(107.5,152.5]$
后	$(152.5,197.5]$
右后	$(197.5,242.5]$
右	$(242.5,297.5]$
右前	$(297.5,342.5]$

• 点结构根源危险源的绝对方位关系。绝对方位关系是在全球参照系统下确定空间方位关系，本章拟采用八方向方案，即如图 5-23 所示的圆锥模型俯视图。八个方向分别为北（north）、西北（northeast）、西（west）、西北（northwest）、南（south）、东南（southeast）、东（east）、东北（northeast）。

以指北针为角度起点，逆时针方向增量计算角度，可以得到绝对方位与角度的对应关系如表 5-3 所示。

如果已知点结构危险源内部的十字架参考

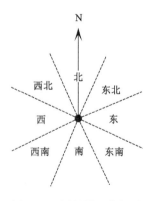

图 5-23　圆锥模型俯视图

和指北方向,则可以对绝对坐标和相对坐标进行相互转换。

表 5-3　绝对方位与角度的对应关系

绝对方位关系	角度(°)
北	$[0,17.5] \cup (342.5,360]$
西北	$(17.5,62.5]$
西	$(62.5,107.5]$
西南	$(107.5,152.5]$
南	$(152.5,197.5]$
东南	$(197.5,242.5]$
东	$(242.5,297.5]$
东北	$(297.5,342.5]$

•线、面结构根源危险源的相对方位关系。要描述线、面结构根源危险源的相对方位关系(东、南、西、北等),就必须确定线、面结构根源危险源的内部参考框架。本章设定线、面结构根源危险源的内部参考框架为矩形参考模型。

假定有如图 5-24 所示的多边形面结构,则可以在其周围或内部建立如图 5-25、图5-26所示的矩形参考模型。

无论矩形参考模型是在线、面周围还是内部,矩形的中心点、位置、大小都会对相对方位关系产生决定性的影响。图 5-27 展示了矩形的大小对相对方位关系范围的影响,中心点及位置对绝对方位关系的影响不再展示。

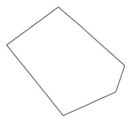

图 5-24　多边形示例

•线、面结构根源危险源的绝对方位关系。线、面结构根源危险源的绝对方位关系是在全球参照系统下确定线、面结构根源危险源的空间方位关系。和确定相对空间关系类似,本章将线、面结构根源危险源的绝对方位关系构建在经纬各有两条平行线的矩形模型基础上,如图 5-28 所示,线、面结构根源危险源的绝对方位关系与采用的矩形的中心点、位置、大小也均有关系。

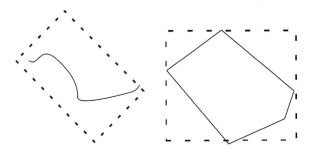

图 5-25　矩形参考模型在线、面周围

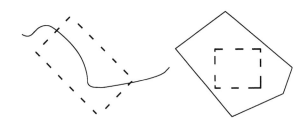

图 5-26　矩形参考模型在线、面内部

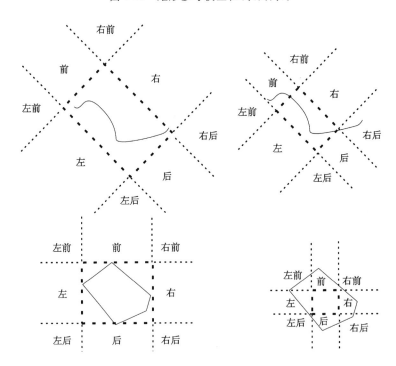

图 5-27　矩形的大小对线、面相对关系的影响

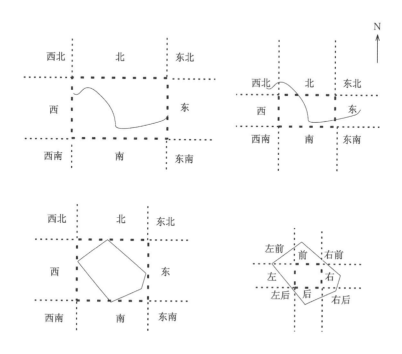

图 5-28　矩形对线、面绝对关系的影响

——事故致因的空间度量关系。空间度量关系是在欧式空间(Euclidean Space)和度量空间(Metric Space)上进行的操作,是一切空间数据定量化的基础。它包含长度、周长、面积、距离等定量的度量关系。

从《企业职工伤亡事故分类》(GB 6441—1986)和《煤炭工业企业职工伤亡事故报告和统计规定》(试行)可以看出,事故的发生是因为受害物在施害物(危险源)的影响范围内,如"物体打击"事故是因为高速物体与人发生了零距离接触,其空间关系为二者相接(touches)了,中毒和窒息事故则是由于人处于有毒有害气体范围之内(within),或者说是有毒有害气体在空间上包含(contains)了人员。由此可见,距离是事故发生的必要条件,同时受害物与施害物(危险源)的接触时间长短、接触面积或长度对事故的发生也有很大影响。因此,本章对空间的度量主要采用三个变量:相距距离、接触长度、相交面积。对相应的拓扑关系拟采取的度量如表 5-4 所示。

表 5-4　拓扑度量组合

拓扑关系	度量	适应情况
disjoints	相距距离	所有空间对象之间
equals	无	所有空间对象之间
touches	接触长度	L/A：线与面之间；A/A：面与面之间
within	无	P/L：点与线之间；P/A：点与面之间；P/P：线与线之间；L/A：线与面之间；A/A：面与面之间
contains	无	L/P：线与点之间；A/P：面与点之间；P/P：线与线之间；A/P：面与线之间；A/A：面与面之间
overlaps	重叠长度或重叠面积	L/L：线与线之间的重叠长度；A/A：面与面之间的重叠面积
crosses	无	L/A：线与面之间

5.5.5　事故预警知识库本体设计

　　煤矿事故预警知识库框架模型，明确了模型由两部分构成：① 术语集 TBox、断言集 ABox；② 推理机。术语集 TBox、断言集 ABox 用来显性地描述煤矿事故预警知识，而推理机则可以根据术语集 TBox、断言集 ABox 描述的显性知识推理出隐性的煤矿事故预警知识。要使煤矿事故预警知识库框架模型能够为根源危险源智能体所理解，则必须采用计算机可以理解的语言进行表达，而万维网联盟所发布的本体语言则可以胜任该任务。

　　因此，本节将研究事故预警知识库的本体设计，主要包括时间本体设计、空间本体设计、煤矿风险本体设计等。其与煤矿事故预警知识库概念模型的对应关系为：时间本体对应时间模型，空间本体对应空间模型，煤矿风险本体对应时空视角下基于根源危险源的事故致因机理、煤矿危险源库。

　　(1) 煤矿事故预警知识库的本体模型

　　事故预警知识库本体模型如图 5-29 所示。

　　本体之间可以相互引用。本体设计应遵循高内聚、低耦合的原则。因为时间概念和空间概念不依赖于事故致因机理而独立存在，所以将时间和空间单独建立相应的本体，即时间本体和空间本体。

　　基于根源危险源的事故致因机理是高度抽象的事故致因机理模型，高度抽象地描述了危险源、隐患、风险、事故、损失等概念之间的关系，没细化描述某个具体事故的形成过程机理，但为具体的事故机理(如瓦斯爆炸事故)刻画奠定了

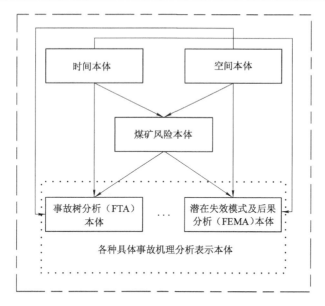

图 5-29　事故预警知识库本体模型

概念统一的基础,同时也独立于具体的事故机理,不依具体事故的机理变化而变化,具有普遍性,因此,对基于根源危险源的事故致因机理所涉及的核心概念及子概念建立本体,又在风险本体中加入了煤矿相关实体的概念及其关系,所以,称为煤矿风险本体。

具体类型的事故需要采用恰当的模型进行机理分析,如采用事故树分析(FTA)模型、潜在失效模式及后果分析(FEMA)模型等。要实现对具体的事故预警,就必须建立具体的事故的机理模型,以便计算机在此基础上结合前述的风险本体、时间本体、空间本体进行事故智能预警。

因此,本章将事故致因本体分为四个部分:时间本体、空间本体、煤矿风险本体、各种具体事故机理分析表示本体。

(2) 时间本体构建

时间本体所涉及的概念有:时间实体(TemporalEntity)、时间点(Time-Point)、时间段(Interval)、时长(Duration)、时区(Timezone)。

其中,时间实体分且仅分为两类:时间点和时间段,即 $\{TemporalEntity = TimePoint \bigcup Interval\}$,时间实体是时间点、时间段的父类,时间点、时间段是时间实体的子类,即 $\{TimePoint \in TemporalEntity, Interval \in TemporalEntity\}$。同时,时间点、时间段是两个独立的概念,不从实例仅从概念的角度出发,二者没有交集,即{TimePoint∩Interval＝∅}。相关图示如图 5-30 和图 5-31 所示。

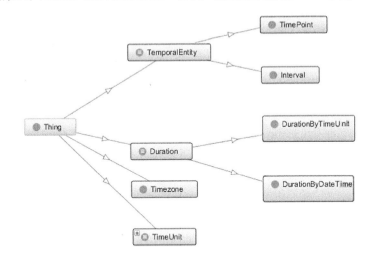

图 5-30　时间本体的 protégé 图

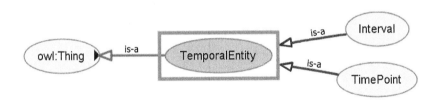

图 5-31　时间实体 protégé 层次图

　　本章将时长(Duration)规定为有且仅有两种描述方式:一是时间格式时长 (DurationByDateTime):如时长为 1 年 2 个月 8 日 0 小时 0 分钟 0 秒 0 毫秒、 0 年0月0日 5 小时 30 分分 0 秒 556 毫秒;二是时间单位时长(DurationBy-TimeUnit):如 30 分钟(单位为分钟)、10.5 天(单位为天)、3.5 小时(单位为小时)。因此,有{Duration＝DurationByDateTime∪DurationByTimeUnit}。其关系如图 5-32 所示。

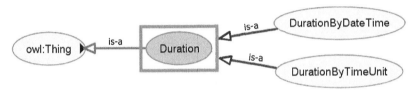

图 5-32　时长分类 protégé 界面

　　因 DurationByTimeUnit 表示时长需要时间单位属性,因此定义了概念"时间单位(TimeUnit)",时间单位是一个枚举类型,因本章采取的时间粒度是毫秒,所以时间单位的全部取值为:年(unitYear)、月(unitMonth)、日(unitDay)、小时(unitHour)、分(unitMiniute)、秒(unitSecond)、毫秒(unitMillisecond),相应的时间单位(TimeUnit)的 protégé 设计如图 5-33 所示。

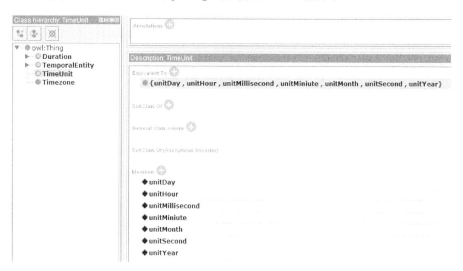

图 5-33　时长枚举定义的 protégé 界面

（3）空间本体构建

①空间概念集。

　　空间本体所涉及的概念有:几何体(Geometry)、点(Point)、线(Curve)、面(Surface)、空间参照坐标系统(SpatialReferrenceSystem)。

　　本章将几何体(Geometry)分且仅分为三类:点(Point)、线(Curve)、面(Surface),几何体是点、线、面的父类,点、线、面是几何体的子类,即{Point∈Geometry,Curve∈Geometry,Surface∈Geometry}。同时,点、线、面是相互独立的概念,不从实例仅从概念的角度出发,彼此没有交集,即{Point∩Curve=∅,Point∩Surface=∅,Curve∩Surface=∅}。

　　图 5-34 是用 protégé 软件的 OntoGraf 模块绘制的空间概念图。

　　在大地测量学中,空间参照坐标系统分为地心坐标系和参心坐标系两大类,其中地心坐标系是坐标系原点与地球质心重合的坐标系,参心坐标系是坐标系原点位于参考椭球体中心,但不与地球质心重合的坐标系。我国特有的

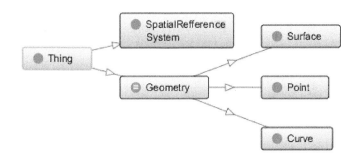

图 5-34 空间概念图

1954 北京坐标系（简称 BJ-54）和 1980 西安坐标系（简称 C80）都属于参心坐标系。中国大地坐标系 2000（CGCS2000）和 GPS 中使用的世界大地坐标系 WGS-84 都属于地心坐标系。由此可见，空间参照坐标系统是一个枚举类型的概念，本章拟采用的空间参照坐标系统为：BJ-54、C80、CGCS2000、WGS-84，即 SpatialReferrenceSystem＝{BJ-54、C80、CGCS2000、WGS-84}。

空间参照坐标系统的 OntoGraf 图如图 5-35 所示。

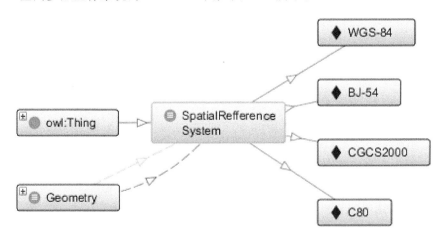

图 5-35 空间参照坐标系统定义的 OntoGraf 图

② 空间对象属性。

几何体（Geometry）的空间表示需要参照一定的空间参照坐标系统，该关系可以用对象属性 hasSpatialRefferenceSystem 进行表达，如表 5-5 所示。

表 5-5　对象属性 hasSpatialRefferenceSystem

序号	对象属性	定义域	值域	逆属性
1	hasSpatialRefferenceSystem	Geometry	SpatialRefferenceSystem	

空间对象线(Curve)和面(Surface)都是由点描绘的,如线(Curve)包含一系列的点,将这些点从起点到终点连接起来就构成了线,面(Surface)也包含一系列的点,但起点和终点是同一个点。线(Curve)、面(Surface)和点(Point)之间存在的这种关系可以用对象属性 hasPoint 进行表达,如表 5-6 所示。

表 5-6　对象属性 hasPoint

序号	对象属性	定义域	值域	逆属性
1	hasPoint	Curve、Surface	Point	

已知:几何体之间有 8 种拓扑关系:disjoints、touches、crosses、within、overlaps、contains、intersects、equals,其对应的对象属性如表 5-7 所示。

表 5-7　空间拓扑关系对应的对象属性

序号	对象属性	定义域	值域	逆属性
1	disjoints	Geometry	Geometry	intersects
2	touches	Geometry	Geometry	
3	crosses	Geometry	Geometry	
4	within	Geometry	Geometry	contains
5	overlaps	Geometry	Geometry	
6	contains	Geometry	Geometry	within
7	intersects	Geometry	Geometry	disjoints
8	equals	Geometry	Geometry	

同时,几何体之间还有相对方位关系、绝对方位关系、相距距离关系、接触长度关系、相交面积关系等,其对象属性如表 5-8 所示。

表 5-8　方位、距离、长度、面积等空间对象属性

序号	对象属性	定义域	值域	逆属性
1	relativeOrientation	Geometry	Geometry	
2	absoluteOrientation	Geometry	Geometry	
3	distance	Geometry	Geometry	
4	toucheLength	Geometry	Geometry	
5	intersectArea	Geometry	Geometry	

　　图 5-21 中设计的点的相对定位采用单十字内部参考框架模型,其至少需要两个点来描述该"单十字":一个中心点(Center Point)和另外四个点之一即可。本章拟采用中心点(Center Point)和前点(Front Point)。可以建立对象属性 hasCenterPoint 和 hasFrontPoint 以表示点(Point)和中心点(Center Point)、前点(Front Point)之间的关系,如表 5-9 所示。

表 5-9　对象属性 hasCenterPoint、hasFrontPoint

序号	对象属性	定义域	值域	逆属性
1	hasCenterPoint	Point	Point	
2	hasFrontPoint	Point	Point	

　　线、面的相对定位采用矩形参考框架模型,也至少需要两个点来表示该"矩形",本章拟采用前点(Front Point)和左点(Left Point)来表示该矩形,如图 5-36 所示。

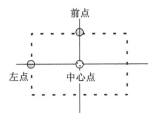

图 5-36　矩形参考框架模型

　　有了前点(Front Point)和左点(Left Point),则中心点(Center Point)的坐标就是(前点的横坐标、左点的纵坐标),矩形的大小及右点、后点也可以据此求

解,在此不再详述。可以建立对象属性 hasFrontPoint 和 hasLeftPoint 以表示线、面和前点(Front Point)及左点(Left Point)之间的关系,如表 5-10 所示。

表 5-10 对象属性 hasFrontPoint、hasLeftPoint

序号	对象属性	定义域	值域	逆属性
1	hasFrontPoint	Curve、Surface	Point	
2	hasLeftPoint	Curve、Surface	Point	

综上所述,本章针对空间对象共设计了 18 个对象属性,在 protégé 软件中定义的对象属性如图 5-37 所示。

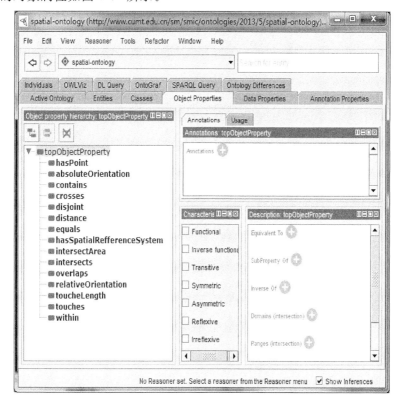

图 5-37 空间对象属性

③ 空间数据属性。

无论是地心坐标系还是参心坐标系,其空间中的点的坐标都有下列几种表达形式:一是空间大地坐标系,即(B,L,H)形式,B、L、H分别为大地坐标系中的大地纬度、大地经度及大地高;二是空间直角坐标系,即三维空间坐标(X,Y,Z)形式;三是投影平面直角坐标系,即二维平面坐标(x,y,h)。

尽管本章的空间逻辑推理限定在二维平面上,但为了使基于本体的煤矿危险源预警将来能够支持三维空间推理,决定空间点的信息采集仍是记录三维数据,但本章的逻辑推理仅使用其中的二维平面数据。

因此,点(Point)拥有的数据属性包括:大地经度(L)、大地纬度(B)、大地高(H)、三维空间坐标(X、Y、Z)、二维平面坐标(x、y、h)。空间对象数据属性如表5-11所示。

表 5-11　空间对象数据属性

序号	数据属性	定义域	值域
1	B	Point	decimal
2	L	Point	decimal
3	H	Point	decimal
4	X	Point	decimal
5	Y	Point	decimal
6	Z	Point	decimal
7	x	Point	decimal
8	y	Point	decimal
9	h	Point	decimal

在protégé软件中定义的这些数据属性如图5-38所示。

(4)煤矿风险本体构建

① 煤矿风险概念集。

依据基于根源危险源的事故致因机理,其核心概念首先应包括:根源危险源(RootDangerSource)、隐患(HiddenTrouble)、风险(Risk)、事故(Accident)、损失(Loss)。要想对根源危险源进行有效的管理,必须对其相应的状态危险源的风险等级分级进行划分,同时,要对隐患可能造成的事故进行预警,就必须确定相应的预警等级,所以,本章建立的风险本体所包括的核心概念包括:根源危险源(RootDangerSource)、状态危险源(StatusDangerSource)、隐患(Hidden-Trouble)、风险(Risk)、风险等级(RiskLevel)、预警等级(EarlyWarningLevel)、

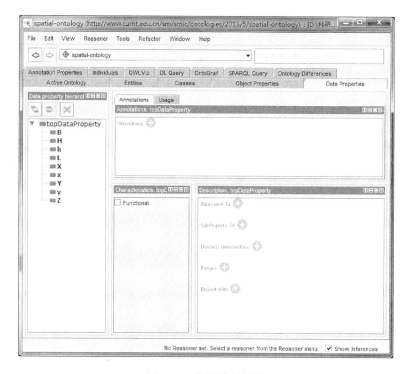

图 5-38　空间数据属性

事故(Accident)、损失(Loss)。图 5-39 是用 protégé 软件的 OntoGraf 模块绘制的风险本体顶层核心概念图。

核心概念中的根源危险源、事故等是高度抽象的概念,要在煤矿的具体事故预警中起作用,还必须将根源危险源和事故等概念进行进一步的细化、分类。

根源危险源分为人(Person)、物(Object)、系统(System)、组织(Organization),对应的 OntoGraf 图如图 5-40 所示。

人(Person):《现代汉语词典(第 6 版)》定义"人"为"能制造工具并使用工具进行劳动的高等动物"。本章本体中的定义为:从事煤矿管理、作业的相关人员。

按照《关于明确煤矿企业主要负责人、安全生产管理人员及特种作业人员范围的通知》(煤安监调查字〔2005〕66 号)中的规定,本章将三项人员以外的其他人员纳入其他工种,因此将煤矿人员(Person)分为:安全生产负责人(SecutiryPrincipal)、安全生产管理人员(SecurityManager)、特殊工种(SpecialPost)、其他工种(OtherlPost),如图 5-41 所示。

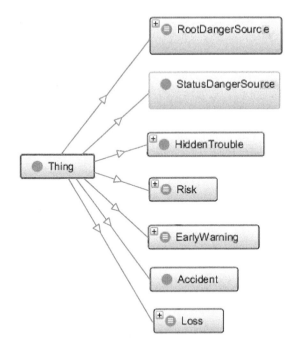

图 5-39　风险本体顶层核心概念图

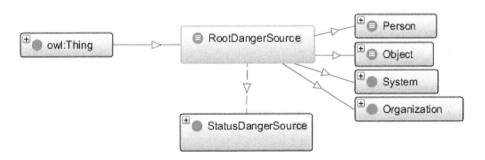

图 5-40　根源危险源定义的 OntoGraf 图

物(Object):指与人相对的客观世界,本章本体中主要指与人相对的客观世界中的某一类存在,如采煤机、掘进机、瓦斯、煤尘、水等。

物(Object)又划分为:固体(Solid)、液体(Liquid)、气体(Gas)三大类,如图5-42 所示。

其中固态物体下包括:巷道(Roadway)、滚筒采煤机(Shearer)、钻削采煤机

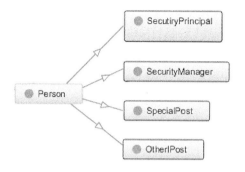

图 5-41　人的分类 protégé 图

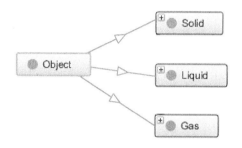

图 5-42　物的分类 protégé 图

（Trepanner）等，因篇幅关系，不一一详细列出。液体（Liquid）包括水等。气体（Gas）包括：一氧化碳（CO）、二氧化硫（SO_2）、二氧化氮（NO_2）、硫化氢（H_2S）、氨气（NH_3）、二氧化碳（CO_2）、甲烷（CH_4）等有毒、有害气体。

　　系统（System）：系统是由相互作用、相互依赖的若干组成部分结合而成的，具有特定功能的有机整体，而且这个有机整体又是它从属的更大系统的组成部分。对于煤矿来说，如采煤系统、掘进系统、机电系统、运输系统、通防系统、地测防治水系统等。

　　组织（Organization）：指人们为实现一定的目标，互相协作结合而成的集体或团体，对于煤矿来说，组织可以分为：矿、科室、区队、班组等。

　　风险等级（RiskLevel）划分通常采用三分法或五分法，本章拟采用三分法，即将风险等级分且仅分为三类：低风险（LowerRisk）、中等风险（MeidumRisk）、高风险（HighRisk），如图 5-43 所示。

　　预警等级（EarlyWarningLevel）划分通常也采用三分法或五分法，本章拟采用三分法，即将预警等级分且仅分为三类：黄色预警（YellowWarning）、橙色

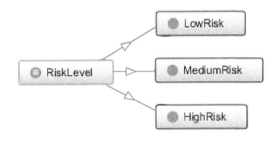

图 5-43 风险等级分类

预警(OrangeWarning)、红色预警(RedWarning),如图 5-44 所示。

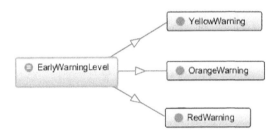

图 5-44 预警等级分类

② 煤矿风险对象属性。

由危险源的分类可知:根源危险源是状态危险源存在的前提条件,没有根源危险源就不会有相应的状态危险源,状态危险源总是隶属于一定的根源危险源,状态危险源是根源危险源的一种不安全状态描述。因此,本章建立了两个对象属性用于描述根源危险源和状态危险源之间的这种关系:hasStatusDangerSource 和 isStatusDangerSourceOf,其定义如表 5-12 所示。

表 5-12　对象属性 hasStatusDangerSource、isStatusDangerSourceOf

序号	对象属性	定义域	值域	逆属性
1	hasStatusDangerSource	RootDangerSource	StatusDangerSource	isStatusDangerSourceOf
2	isStatusDangerSourceOf	StatusDangerSource	RootDangerSource	hasStatusDangerSource

逆属性:hasStatusDangerSource 与 isStatusDangerSourceOf 互逆,且 isStatusDangerSourceOf 是功能属性(Functional ObjectProperty),即一个状态危险源属于且仅属于一个根源危险源。

根源危险源又分为人、物、系统、组织,其中人和物都具有空间属性,即人、物与空间具有联系,建立对象属性 hasGeometry 以表示该关系,如表 5-13 所示。

表 5-13　对象属性 hasGeometry

序号	对象属性	定义域	值域	逆属性
1	hasGeometry	Person、Object	Geometry	

组织和系统的空间属性由其所包含的人和物进行表达,不再单独建立对象属性。

人还拥有自己特有的一些对象属性,如性别(Gender)(表达人与性别枚举的关系)、学历(Education)(表达人与枚举学历的关系)、学位(AcademicDegree)(表达人与枚举学位的关系)等,如表 5-14 所示。

表 5-14　对象属性 hasGender、hasEducation、hasAcademicDegree

序号	对象属性	定义域	值域	逆属性
1	hasGender	Person	Gender	
2	hasEducation	Person	Education	
3	hasAcademicDegree	Person	AcademicDegree	

状态危险源相关的数据可能是定性或定量的,如瓦斯浓度为定量数据,但违章指挥则为定性数据,定量数据又可分为离散数据或连续数据,如粉尘浓度是连续数据,但设备的开关状态(可用 1 表示开,用 0 表示关)则为离散数据。因此,状态危险源与枚举概念定性定量、离散连续之间有关系,本章建立了对象属性 isQualitativeQuantitative 和 isDiscreetContinuous 来表达这两个关系,如表 5-15 所示。

表 5-15　对象属性 isQualitativeQuantitative、isDiscreetContinuous

序号	对象属性	定义域	值域	逆属性
1	isQualitativeQuantitative	StatusDangerSource	QualitativeQuantitative	
2	isDiscreetContinuous	StatusDangerSource	DiscreetContinuous	

　　有根源危险源未必产生风险，只有当根源危险源出现状态危险源，即根源危险源处于失控状态时，也就是隐患发生时，才会产生风险，所以有"隐患产生风险"的结论，因此，本章建立对象属性"givesRiseTo"来描述隐患与风险之间的关系，如表 5-16 所示。

表 5-16　对象属性 givesRiseTo

序号	对象属性	定义域	值域	逆属性
1	givesRiseTo	HiddenTrouble	Risk	

　　状态危险源与可能发生的事故有关系，如在危险源辨识阶段，状态危险源瓦斯浓度超限可能造成的事故有窒息、中毒、爆炸、燃烧等。要对状态危险源实施有效的预控，就必须明确其可能导致的事故类型，并对其作风险评估。

　　当状态危险源在现场真的出现时，也即出现了隐患，此时就有风险，但有风险未必导致事故的发生，当一个或多个隐患发生且满足某种事故发生机理时，就会造成事故的发生。所以有"隐患（状态危险源的实际发生）可能导致事故的发生"的结论。但"事故总是由隐患（状态危险源）导致的"，因此，本章建立对象属性"mayCausesAccident"和"causedBy"来描述隐患与事故之间的关系，如表 5-17 所示。

表 5-17　对象属性 mayCausesAccident 和 causedBy

序号	对象属性	定义域	值域	逆属性
1	mayCausesAccident	StatusDangerSource, HiddenTrouble	Accident	causedBy
2	causedBy	Accident	HiddenTrouble	mayCausesAccident

　　根据危险源的定义"所有直接的或间接的可能导致事故（伤害或疾病、财产损失、工作环境破坏或这些情况组合）发生的根源或状态"知：事故是指"伤害或疾病、财产损失、工作环境破坏或这些情况组合"。基于根源危险源的事故致因机理中的损失是广义的损失，即包括伤害或疾病、财产损失、工作环境破坏或这些情况组合。只要发生事故必然造成损失，否则就不称为事故了。所以，事故与损失的关系是"事故造成损失"。本章建立对象属性"causes"来描述二者之间的关系，如表 5-18 所示。

· 172 ·

表 5-18 对象属性 causes

序号	对象属性	定义域	值域	逆属性
1	causes	Accident	Loss	

要实现对根源危险源的有效控制,就需要全面辨识其状态危险源,并对其进行恰当的风险评估,通过风险评估确定状态危险源的风险等级。本章建立对象属性"hasRiskLevel"来描述状态危险源与风险等级之间的关系,如表 5-19 所示。又知"隐患产生风险",所以,隐患也有风险等级的属性。

表 5-19 对象属性 hasRiskLevel

序号	对象属性	定义域	值域	逆属性
1	hasRiskLevel	StatusDangerSource,HiddenTrouble	RiskLevel	

在辨识评估阶段确定状态危险源的风险等级是静态属性,一旦状态危险源出现,即根源危险源演变为隐患后,就必须对其预警。所以,预警是针对隐患的,本章建立对象属性"hasEarlyWarningLevel"来描述隐患与预警等级之间的关系,如表 5-20 所示。

表 5-20 对象属性 hasEarlyWarningLevel

序号	对象属性	定义域	值域	逆属性
1	hasEarlyWarningLevel	HiddenTrouble	EarlyWarningLevel	

《煤矿生产安全事故报告和调查处理规定》(安监总政法〔2008〕212 号)根据事故造成的人员伤亡或者直接经济损失,将煤矿事故分为四个等级。特别重大事故,是指造成 30 人以上死亡,或者 100 人以上重伤(包括急性工业中毒,下同),或者 1 亿元以上直接经济损失的事故。重大事故,是指造成 10 人以上 30 人以下死亡,或者 50 人以上 100 人以下重伤,或者 5 000 万元以上 1 亿元以下直接经济损失的事故。较大事故,是指造成 3 人以上 10 人以下死亡,或者 10 人以上 50 人以下重伤,或者 1 000 万元以上 5 000 万元以下直接经济损失的事故。一般事故,是指造成 3 人以下死亡,或者 10 人以下重伤,或者 1 000 万元以下直接经济损失的事故。

因此,事故与事故等级两个概念间存在一定的关系,本章拟建立对象属性

hasAccidentLevel 以表达二者间的关系,如表 5-21 所示。

表 5-21 对象属性 hasAccidentLevel

序号	对象属性	定义域	值域	逆属性
1	hasAccidentLevel	Accident	AccidentLevel	

③ 煤矿风险数据属性。

——根源危险源的数据属性。为了使所有的根源危险源能够彼此区分,本章建立了数据属性"根源危险源编号",在后续的系统模拟及实际使用中确保该编号是唯一的。除了编号外,为了增强其易读性,建立了数据属性"根源危险源名称",二者皆为字符串类型。根源危险源的数据属性如表 5-22 所示。

表 5-22 根源危险源数据属性

序号	对象属性	定义域	值域
1	RootDangerSourceSn	RootDangerSource	string
2	RootDangerSourceName	RootDangerSource	string

根源危险源下又分为人、物、系统、组织。人在继承了"根源危险源"的 RootDangerSourceSn、RootDangerSourceName 属性后,还拥有自己特有的一些属性,如身份证号、性别、出生年月、身高、体重、学历、学位等,同时,人还具有空间属性,其中性别、学历、学位、空间已通过对象属性表达,身份证号(IdNumber)、出生年月(Birthday)、身高(Height)、体重(Weight)等可以通过数据属性表达。人特有的数据属性如表 5-23 所示。

表 5-23 人特有的数据属性

序号	对象属性	定义域	值域
1	IdNumber	Person	string
2	Birthday	Person	datetime
3	Height	Person	decimal
4	Weight	Person	decimal

——状态危险源的数据属性。状态危险源的属性主要包括:所属的根源危

险源、状态危险源编号、状态危险源名称、风险后果、风险等级、可能造成的事故
类型、定性定量、离散连续、上限、下限、离散值列表等。其中所属的根源危险
源、风险等级、可能造成的事故类型、定性定量、离散连续等通过对象属性实现，
而状态危险源编号（StatusDangerSourceSn）、状态危险源名称（StatusDanger-
SourceName）、风险后果（RiskResult）、上限（UpperLimit）、下限（LowerLimit）、
离散值（DisValue）等则通过数据属性实现。状态危险源的数据属性如表 5-24
所示。

表 5-24　状态危险源的数据属性

序号	对象属性	定义域	值域
1	StatusDangerSourceSn	StatusDangerSource	string
2	StatusDangerSourceName	StatusDangerSource	string
3	RiskResult	StatusDangerSource	string
4	UpperLimit	StatusDangerSource	decimal
5	LowerLimit	StatusDangerSource	decimal
6	DisValue	StatusDangerSource	literal

④ 煤矿风险概念约束。

——对象属性约束。通过风险对象属性建立风险个体（属于概念的个体）
之间的关系，通过风险数据属性建立风险个体与风险数据值之间的关系。但仅
有这些关系还不足以描述风险相关的知识，如对象属性 isStatusDangerSource-
Of 建立了状态危险源和根源危险源之间的关系，但未明确一个状态危险源属
于一个根源危险源。因此，需要对对象属性 isStatusDangerSourceOf 施加约
束。具体的风险概念的对象属性约束如表 5-25 所示。

表 5-25　风险概念的对象属性约束

序号	对象属性	定义域	值域	约束
1	hasStatusDangerSource	RootDangerSource	StatusDangerSource	无
2	isStatusDangerSourceOf	StatusDangerSource	RootDangerSource	exactly 1
3	hasGeometry	Person、Object	Geometry	exactly 1
4	hasGender	Person	Gender	exactly 1
5	hasEducation	Person	Education	exactly 1

表 5-25（续）

序号	对象属性	定义域	值域	约束
6	hasAcademicDegree	Person	AcademicDegree	exactly 1
7	isQualitativeQuantitative	StatusDangerSource	QualitativeQuantitative	exactly 1
8	isDiscreetContinuous	StatusDangerSource	DiscreetContinuous	exactly 1
9	givesRiseTo	HiddenTrouble	Risk	无
10	mayCausesAccident	StatusDangerSource，HiddenTrouble	Accident	无
11	causedBy	Accident	HiddenTrouble	无
12	causes	Accident	Loss	无
13	hasRiskLevel	StatusDangerSource，HiddenTrouble	RiskLevel	exactly 1
14	hasEarlyWarningLevel	HiddenTrouble	EarlyWarningLevel	exactly 1
15	hasAccidentLevel	Accident	AccidentLevel	exactly 1

——数据属性约束。和风险对象属性类似，必须明确相关风险数据约束，才能明确表达相应的风险知识，如状态危险源描述中的数据上限（UpperLimit）应该有且只有一个。本章建立的风险对象的数据属性约束如表 5-26 所示。

表 5-26　风险对象的数据属性约束

序号	数据属性	定义域	值域	约束
1	RootDangerSourceSn	RootDangerSource	string	exactly 1
2	RootDangerSourceName	RootDangerSource	string	exactly 1
3	IdNumber	Person	string	exactly 1
4	Birthday	Person	datetime	exactly 1
5	Height	Person	decimal	exactly 1
6	Weight	Person	decimal	exactly 1
7	StatusDangerSourceSn	StatusDangerSource	string	exactly 1
8	StatusDangerSourceName	StatusDangerSource	string	exactly 1
9	RiskResult	StatusDangerSource	string	exactly 1
10	UpperLimit	StatusDangerSource	decimal	exactly 1
11	LowerLimit	StatusDangerSource	decimal	exactly 1
12	DisValue	StatusDangerSource	literal	exactly 1

其中数据属性 DisValue 将多个离散值以逗号分开的方式存储在 literal 中，因此，其约束仍然是 exactly 1。

（5）时空事故树本体构建

① 时空事故树概念集。

时空事故树分析方法（TSATA）就是要建立相应事故的事故树，并为其添加相关的时空约束信息，然后根据事故树中的事件之间的逻辑关系及时空关系，对其进行定性或定量分析。时空事故树的绘制表达需要用到各种逻辑门将事件连接起来，并建立相关的时空约束树。因此时空事故树分析方法有四个顶层概念：事故树（FaultTree）、逻辑门（LogicGate）、事件（Event）、时空约束树（TSTree）。

逻辑门（LogicGate）又可分为：逻辑或门（OrGate）、逻辑非门（NotGate）、逻辑异或门（XorGate）、逻辑与门（AndGate），即有：AndGate∈LogicGate，OrGate∈LogicGate，NotGate∈LogicGate，XorGate∈LogicGate。又本章拟将逻辑门（LogicGate）限定为仅为上述四种，因此有：LogicGate＝{AndGate，OrGate，NotGate，XorGate}。图 5-45 是 protégé 软件的 OntoGraf 模块绘制的逻辑门层次概念图。

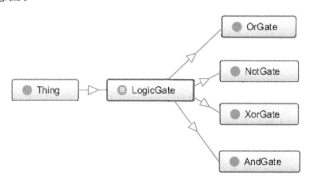

图 5-45　逻辑门层次概念图

事件（Event）又可以分为：顶上事件（TopEvent）、中间事件（MiddleEvent）、基本事件（BasicEvent）、正常事件（NormalEvent）。即有：TopEvent∈Event，MiddleEvent∈Event，BasicEvent∈Event，NormalEvent∈Event。又本章拟将事件（Event）限定为仅为上述四种，因此有：Event＝{TopEvent，MiddelEvent，BasicEvent，NormalEvent}。图 5-46 是用 protégé 软件的 OntoGraf 模块绘制的事件层次概念图。

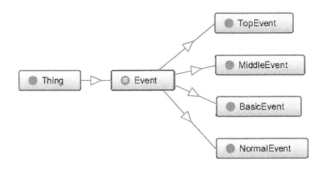

图 5-46　事件层次概念图

——时空事故树对象属性。事故树分析方法（FTA）是针对每一类事故（Accident）绘制相应的事故树（Fault Tree）。反之，每一个事故树也都是针对某一事故绘制的。因此，本章建立彼此互逆的对象属性 hasFaultTree 和 belongsToAccident 来表达该关系，如表 5-27 所示。

表 5-27　对象属性 hasFaultTree、belongsToAccident

序号	对象属性	定义域	值域	逆属性
1	hasFaultTree	Accident	FaultTree	belongsToAccident
2	belongsToAccident	FaultTree	Accident	hasFaultTree

每一个事故树都有对应的时空约束树对其时空关系进行约束，反之，时空约束树都是针对某一事故树进行描述的。因此，本章建立两个对象属性 hasTimeSpatialTree 和 belongsToFaultTree 来表达该关系，如表 5-28 所示。

表 5-28　对象属性 hasTimeSpatialTree、belongsToFaultTree

序号	对象属性	定义域	值域	逆属性
1	hasTimeSpatialTree	FaultTree	TopEvent	
2	belongsToFaultTree	TopEvent	FaultTree	

每一个事故树（FaultTree）都有且仅有一个顶上事件（TopEvent），反之，顶上事件也必然属于某一个事故树。因此，本章建立两个对象属性 hasTop Event 和 belongsToFaultTree 表示事故树与顶上事件的关系，如表 5-29 所示。

表 5-29 对象属性 hasTopEvent、belongsToFaultTree

序号	对象属性	定义域	值域	逆属性
1	hasTopEvent	FaultTree	TopEvent	
2	belongsToFaultTree	TopEvent	FaultTree	

基本事件（BasicEvent）、正常事件（NormalEvent）和中间事件（MiddleEvent）一定属于某个父级事件，该父级事件可能是某个中间事件，也可能是某个顶上事件。反之，任何一个中间事件或顶上事件都必须包括子事件，该子事件可能是基本事件，也可能是正常事件或中间事件。因此，本章建立彼此互逆的对象属性 hasParentEvent、hasChildEvent 表达该关系，如表 5-30 所示。

表 5-30 对象属性 hasParentEvent

序号	对象属性	定义域	值域	逆属性
1	hasParentEvent	BasicEvent、NormalEvent、MiddleEvent	MiddleEvent、TopEvent	hasChildEvent
2	hasChildEvent	MiddleEvent、TopEvent	BasicEvent、NormalEvent、MiddleEvent	hasParentEvent

其中，对象属性 hasParentEvent 拥有两个子对象属性：hasParentTopEvent、hasParentMiddleEvent，即 {hasParentTopEvent $\in$ hasParentEvent, hasParentMiddleEvent $\in$ hasParentEvent}，对象属性 hasChildEvent 拥有三个子对象属性：hasChildBasicEvent、hasChildMiddleEvent、hasChildNormalEvent，即 {hasChildBasicEvent $\in$ hasChildEvent, hasChildMiddleEvent $\in$ hasChildEvent, hasChildNormalEvent $\in$ hasChildEvent}。图 5-47 是 protégé 软件的对象属性界面部分截图。

图 5-47 对象属性 hasParentEvent 和 hasChildEvent 的子属性截图

其具体定义如表 5-31 所示。

表 5-31　对象属性 hasParentEvent 和 hasChildEvent 的子属性

序号	对象属性	定义域	值域	逆属性
1	hasParentTopEvent	BasicEvent、NormalEvent、MiddleEvent	TopEvent	
2	hasParentMiddleEvent	BasicEvent、NormalEvent、MiddleEvent	MiddleEvent	
3	hasChildBasicEvent	MiddleEvent、TopEvent	BasicEvent	
4	hasChildMiddleEvent	MiddleEvent、TopEvent	MiddleEvent	
5	hasChildNormalEvent	MiddleEvent、TopEvent	NormalEvent	

顶上事件或中间事件必然包含逻辑门以表达该事件与其子事件之间的关系,反之,每一个逻辑门必然属于某个顶上事件或中间事件。因此,本章建立彼此互逆的对象属性 hasLogicGate 和 hasUpperEvent 表达该关系,如表 5-32 所示。

表 5-32　对象属性 hasLogicGate、hasUpperEvent

序号	对象属性	定义域	值域	逆属性
1	hasLogicGate	MiddleEvent、TopEvent	LogicGate	hasUpperEvent
2	hasUpperEvent	LogicGate	MiddleEvent、TopEvent	hasLogicGate

其中,对象属性 hasLogicGate 有四个子属性:hasAndGate、hasOrGate、hasNotGate、hasXorGate,即﹛hasAndGate ∈ hasLogicGate,hasOrGate ∈ hasLogicGate,hasNotGate ∈ hasLogicGate,hasXorGate ∈ hasLogicGate﹜,对象属性 hasUpperEvent 拥有两个子属性:hasUpperTopEvent、hasUpperMiddleEvent,即﹛hasUpperTopEvent ∈ hasUpperEvent,hasUpperMiddleEvent ∈ hasUpperEvent﹜。图 5-48 是 protégé 软件的对象属性界面部分截图。

其具体定义如表 5-33 所示。

事故树中的中间事件和基本事件符号表示的是状态危险源,即人的不安全行为、物的不安全状态、组织的缺陷、系统的故障等。反之,状态危险源也可能对应着事故树中的中间事件或基本事件。因此,建立对象属性 representsSta-

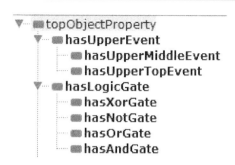

图 5-48 对象属性 hasLogicGate 和 hasUpperEvent 的子属性截图

tusDangerSource、hasFtaEvent 表示事故树本体(ftaontology)与风险本体(riskontology)的关系,如表 5-34 所示。

表 5-33 对象属性 hasLogicGate 和 hasUpperEvent 的子属性

序号	对象属性	定义域	值域	逆属性
1	hasAndGate	MiddleEvent、TopEvent	AndGate	
2	hasOrGate	MiddleEvent、TopEvent	OrGate	
3	hasNotGate	MiddleEvent、TopEvent	NotGate	
4	hasXorGate	MiddleEvent、TopEvent	XorGate	
5	hasUpperTopEvent	LogicGate	TopEvent	
6	hasUpperMiddleEvent	LogicGate	MiddleEvent	

表 5-34 对象属性 representsStatusDangerSource

序号	对象属性	定义域	值域	逆属性
1	representsStatus DangerSource	MiddleEvent、 BasicEvent	StatusDangerSource	hasFtaEvent
2	hasFtaEvent	StatusDangerSource	MiddleEvent、 BasicEvent	representsStatus DangerSource

③ 时空事故树数据属性。

事件(Event)的数据属性有:EventId、EventName、Probability、CenterPoint-X、CenterPoint-Y。其中,EventId 表示事件编号、EventName 表示事件

名称、Probability 表示事件概率、CenterPoint-X 表示事件图形的中心点在画布上的 X 坐标、CenterPoint-Y 表示事件图形的中心点在画布上的 Y 坐标。具体定义如表 5-35 所示。

表 5-35　事件的数据属性

序号	数据属性	定义域	值域
1	EventId	Event	string
2	EventName	Event	string
3	Probability	Event	decimal
4	CenterPoint-X	Event	decimal
5	CenterPoint-Y	Event	decimal

逻辑门(LogicGate)的数据属性有：GateId、CenterPoint-X、CenterPoint-Y。其中，GateId 表示逻辑门编号、CenterPoint-X 表示事件图形的中心点在画布上的 X 坐标、CenterPoint-Y 表示事件图形的中心点在画布上的 Y 坐标。具体定义如表 5-36 所示。

表 5-36　逻辑门的数据属性

序号	数据属性	定义域	值域
1	GateId	LogicGate	string
2	CenterPoint-X	LogicGate	decimal
3	CenterPoint-Y	LogicGate	decimal

④ 时空事故树概念约束。

时空事故树对象属性约束如表 5-37 所示，时空事故树数据属性约束如表 5-38 所示。

表 5-37　时空事故树对象属性约束

序号	对象属性	定义域	值域	约束
1	hasFaultTree	Accident	FaultTree	exactly 1
2	belongsToAccident	FaultTree	Accident	exactly 1
3	hasTimeSpatialTree	FaultTree	TopEvent	exactly 1

表 5-37（续）

序号	对象属性	定义域	值域	约束
4	hasTopEvent	FaultTree	TopEvent	exactly 1
5	belongsToFaultTree	TopEvent、TimeSpatialTree	FaultTree	exactly 1
6	hasParentEvent	BasicEvent、NormalEvent、MiddleEvent	MiddleEvent、TopEvent	exactly 1
7	hasChildEvent	MiddleEvent、TopEvent	BasicEvent、NormalEvent、MiddleEvent	min 1
8	hasParentTopEvent	BasicEvent、NormalEvent、MiddleEvent	TopEvent	exactly 1
9	hasParentMiddleEvent	BasicEvent、NormalEvent、MiddleEvent	MiddleEvent	exactly 1
10	hasChildBasicEvent	MiddleEvent、TopEvent	BasicEvent	无
11	hasChildMiddleEvent	MiddleEvent、TopEvent	MiddleEvent	无
12	hasChildNormalEvent	MiddleEvent、TopEvent	NormalEvent	无
13	hasLogicGate	MiddleEvent、TopEvent	LogicGate	exactly 1
14	hasUpperEvent	LogicGate	MiddleEvent、TopEvent	exactly 1
15	hasAndGate	MiddleEvent、TopEvent	AndGate	无
16	hasOrGate	MiddleEvent、TopEvent	OrGate	无
17	hasNotGate	MiddleEvent、TopEvent	NotGate	无
18	hasXorGate	MiddleEvent、TopEvent	XorGate	无
19	hasUpperTopEvent	LogicGate	TopEvent	exactly 1
20	hasUpperMiddleEvent	LogicGate	MiddleEvent	exactly 1
21	representsStatusDangerSource	MiddleEvent、BasicEvent	StatusDangerSource	exactly 1
22	hasFtaEvent	StatusDangerSource	MiddleEvent、BasicEvent	无

表 5-38　时空事故树数据属性约束

序号	数据属性	定义域	值域	约束
1	EventId	Event	string	exactly 1
2	EventName	Event	string	exactly 1
3	Probability	Event	decimal	exactly 1
4	CenterPoint-X	Event、LogicGate	decimal	exactly 1
5	CenterPoint-Y	Event、LogicGate	decimal	exactly 1
6	GateId	LogicGate	string	exactly 1

本章小结

　　本章首先明确了物联网环境下的煤矿安全监管云系统的建设目标,然后依据物联网和煤炭行业的特点设计了五层的煤矿安全监管云系统架构,自下而上分别为:感知层、传输层、煤矿应用层、平台运维层、监管应用层。接着,介绍了系统的主要功能模块及界面。由于基于物联网的煤矿安全监管离不开智能化的支持,而智能化的支持离不开知识的表示与推理,因此,本章着重介绍基于本体的煤矿知识表示与推理,为基于物联网的煤矿的智能监管提供底层支持。

6 物联网环境下的煤矿安全态势预测预警系统

6.1 系统简介

鉴于煤矿安全监管监察工作存在的问题与不足,迫切需要结合物联网等新IT技术,综合所有影响煤矿生产的安全风险,从整体上动态反映煤矿安全生产状态,并对煤矿未来的整体安全状态进行预测和预警。因此本章以大数据机器学习技术为手段,研发基于物联网的煤矿安全态势预测、预警系统,实现智能感知、风险动态评估与智能预警一体化,从而实现从单一的煤矿安全风险问题的研究到全局的煤矿整体态势研究,并在传统的单一安全报警事件的基础上提供煤矿安全的"全局视图",使安全管理员能够准确地把握煤矿整体安全状态变化趋势,并以此为依据采取相应的安全应急措施。

将安全态势感知的概念引入煤矿安全领域,评估各时间节点内煤矿风险的分布情况及其对煤矿整体安全的影响程度,以实现在风险产生前预测风险的到来并提前识别风险、消除风险的目的。同时,提出了一种基于煤矿风险维度的煤矿整体安全态势评价方法,综合考察煤矿内各项风险的时间变化与空间分布来确定煤矿整体安全态势值,并在此基础上构建了集智能感知、风险动态评估与智能预警于一体化的煤矿安全态势感知系统,以实现煤矿安全管理的定量化、自动化、智能化。系统主要解决的问题包括以下三个方面:

(1)煤矿分布式异构数据源的大数据融合与发布

煤矿安全大数据融合:整合异构系统的数据资源,为物联网环境下的煤矿安全态势预测、预警模型的实现提供数据支撑。

煤矿安全大数据可视化与发布:根据预警等级,对预警预测结果进行不同颜色、图标和曲线的多样化输出与推送,满足各级安全管理的需求。

（2）物联网环境下的煤矿安全态势预测子系统的设计与实现

在实时预测方面,研究利用极速学习机等快速机器学习模型构建煤矿安全态势回归预测算法,实现监测指标变化趋势的准确预测。在非实时预测方面,研究利用深度学习模型构建安全态势历史数据预测算法,实现煤矿安全态势准确预测。

（3）物联网环境下的煤矿安全态势预警子系统的设计与实现

结合煤矿安全态势的实时预测功能,研究并实现面向预警指标的分级别安全预警技术。利用预警模型和多种预警指标,实现面向煤矿各大生产系统和各类事故的安全智能预警、煤矿综合安全智能预警。

6.2 系统设计与实现

本系统主要由物联网信息收集云平台、煤矿安全态势预测及风险预警模型、可视化平台、预警通知模块四个部分组成,技术架构如图 6-1 所示。系统利用物联网环境下的信息收集云平台获取煤矿实时监测数据,利用根据安全态势和风险预警指标体系构建的安全态势及风险预警模型对监测数据进行分析,得出安全态势及风险预警结论,通过可视化平台将态势及预警结果可视化展现,并通过风险预警通知模块通知相关的风险负责人。

6.2.1 总体架构

煤矿安全态势预警系统的主要功能是基于煤矿安全生产大数据的关联分析,并依据安全风险的类型、性质、等级以及灾害形成的概率和后果进行智能预警,对于可能产生的次生灾害进行预警服务。

尽管基于煤矿安全生产大数据驱动的安全态势智能预警系统框架结构因实际需求不同会有所差异,但系统的总体框架一般都包括如图 6-2 所示的五个层次。

由图 6-2 可知,安全态势预警系统共分为五层,分别是:

① 数据感知层:接入自动监测、控制终端等实时信息,典型的信息包括环境监控、设备设施监控、人员监控、管理监控等,实现安全生产数据的全方位采集和传输。

② 数据存储层:建立煤矿安全态势预警综合数据仓库,提供统一、安全、可靠、全面的煤矿安全生产综合信息。

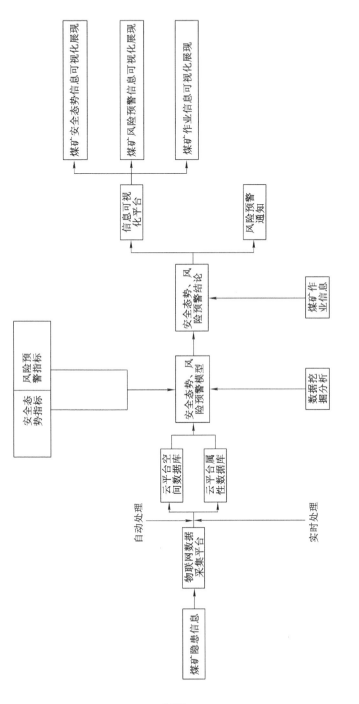

图 6-1 预警系统结构图

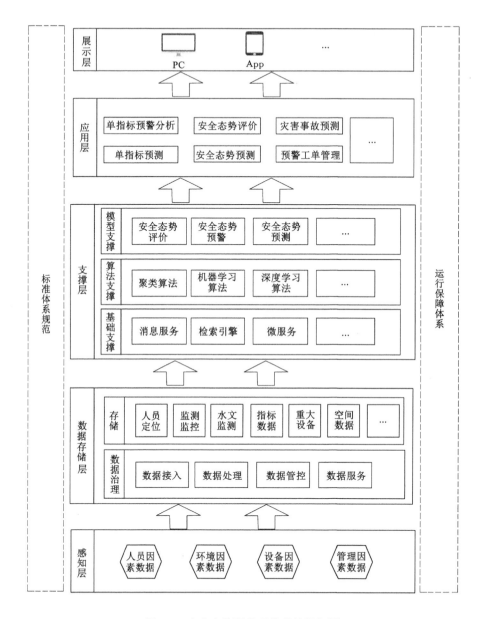

图 6-2 安全态势预警系统总体框架图

③ 支撑层:包括各种算法模型技术支持,数据信息服务、信息检索。支撑层主要提供模型支撑、算法支撑、基础支撑三类支撑服务。模型支撑包括安全态势评价模型、安全态势预警模型、安全态势预测模型等。算法支撑包括聚类算法、机

器学习算法、深度学习算法等。基础支撑包括消息服务、检索引擎、微服务等。

④ 应用层：提供煤矿安全风险监测、预警、评估应用系统，对煤矿各类灾害及总体安全态势进行综合评估及预警监控服务。

⑤ 展示层：在应用与数据集成层和业务应用层的基础上面向煤矿用户建立的各类应用展示，包括 PC 端、移动 App 等。向用户提供全方位、多维度、多视角的展示与应用。

6.2.2 指标体系架构

本系统基于近几十年来全国煤矿事故发生原因分析，参考国内外众多煤矿安全评价指标体系，并综合专家意见，针对每种风险提取出可以导致煤矿风险的直接因素作为煤矿风险评价的一级指标；并进一步通过贝叶斯网络分析历年的煤矿事故，得到各个风险的致因链，获得了导致煤矿风险的间接因素，作为煤矿风险评价的二级或多级指标。本系统使用导致煤矿风险的直接因素，也即一级指标用于煤矿风险预警。当一级指标异常时，会直接导致煤矿陷入风险，针对这种情况进行预警可以减少无效的风险排查带来的资源浪费，同时预警准确度会提高。使用二级乃至多级指标进行煤矿安全态势的评估，可以从"人、机、环、管"四个方面对煤矿整体安全情况进行评价和预估，以做到见微知著，使管理人员在煤矿真正有发生风险的可能前对煤矿的安全状态有所预估，帮助其进行煤矿安全管理决策。具体指标体系见第 4 章矿级层面安全指标所述。

6.2.3 平台建设关键技术及要求

（1）关键技术

① 指标体系构建及预测预警、安全评价技术，建立单指标预测预警、趋势预测、态势评估指标体系，研究算法模型，实现精准监测、预警及评价。

② 大数据存储及分析技术。

③ 系统平台界面展现技术，提供美观、实用的配置化数据展示界面。

（2）系统功能及性能要求

系统平台符合应急管理部、国家矿山安全监察局制定的相关标准和规范，具备较高的安全性和可靠性、较好的兼容性，并提供详细说明文档。满足以下要求：

① 具有容错容灾和备份机制，每年平均故障时间少于 7 天，平均故障恢复时间小于 1 小时；

② 系统最大并发用户数不小于总用户数的 10％；

③ 具备网络传输及数据存储加密机制，符合网络等级保护要求，保障企业数据和内部网络安全；

④ 系统功能具有事故风险预警模型、矿井安全态势模型、独立指标风险预警模型等，这些模型可独立部署，采用接口调用；

⑤ 系统采用的指标体系可以动态调整，根据煤矿类型智能调整指标权重，指标体系和评估模型的应用有审核机制，确保风险评估结果合理、权威。

6.3　系统功能模块

物联网环境下云平台的煤矿安全态势预测及风险预警系统包含 9 个子模块，分别是预警指标管理、人工录入数据、云平台数据采集、安全事故预测、安全态势分析、预警信息查看、预警工单管理、作业管理模块、系统管理，如图 6-3 所示。

6.3.1　预警指标管理

（1）功能概述

安全风险指标作为煤矿安全态势预测和风险预警的重中之重，是整个预测预警系统有效性的关键，本模块为预测预警模型的指标体系的建立提供数据支持及专家指导。指标体系管理分为以下两部分：

① 自动建立指标体系。本模块可以导入煤矿以往的风险、事故数据，系统通过贝叶斯网络自动获得风险致因链并确定指标及其权重。

② 手动建立指标体系。当煤矿无法提供历史数据，或因历史数据不全导致自动生成的指标体系不完善时，可以根据该煤矿专家意见，手动建立、修改指标体系。在这一部分，可以为各个风险增加或删减指标，也可以修改指标权重。

（2）数据库设计

指标信息如表 6-1 所示。

（3）可视化设计

相关界面如图 6-4 和图 6-5 所示。

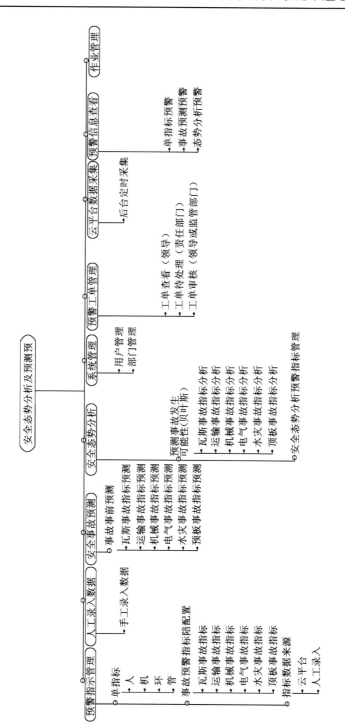

图6-3　功能模块图

表 6-1 指标信息表

代码	名称	数据类型	备 注
id	id	VARCHAR(32)	主键 ID
name	指标名称	VARCHAR(32)	
data_source	指标来源	CHAR(1)	0:云平台;1:手动录入
sensor_type	传感器类型	VARCHAR(32)	数据来自云平台
period	录入周期	CHAR(1)	0:时;1:日;2:周;3:月;4:年
period_num	录入周期数值	INT	
cate_1	指标分类	CHAR(1)	0:单指标;1:事故指标
cate_2	二级分类	CHAR(1)	0:人;1:机;2:环;3:管;4:瓦斯事故;5:机械事故;6:运输事故;7:电气事故;8:水灾事故;9:顶板事故
threshold	预警阈值类型	CHAR(1)	0:上限;1:下限
level1_des	一级预警描述	VARCHAR(128)	
level1_val	一级预警阈值	VARCHAR(32)	
level2_des	二级预警描述	VARCHAR(128)	
level2_val	二级预警阈值	VARCHAR(32)	
level3_des	三级预警描述	VARCHAR(128)	
level3_val	三级预警阈值	VARCHAR(32)	
level4_des	四级预警描述	VARCHAR(128)	
level4_val	四级预警阈值	VARCHAR(32)	
user_id	通知人员	VARCHAR(64)	
depart_id	通知部门	VARCHAR(64)	
formula	计算公式	VARCHAR(128)	
create_by	创建人	VARCHAR(32)	
created_time	创建时间	DATETIME	
updated_by	更新人	VARCHAR(32)	
updated_time	更新时间	DATETIME	

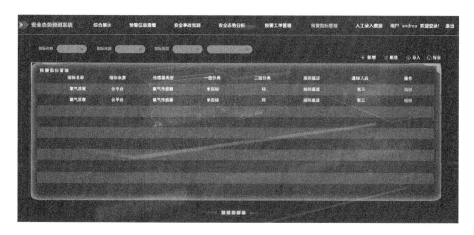

图 6-4　预警指标管理列表

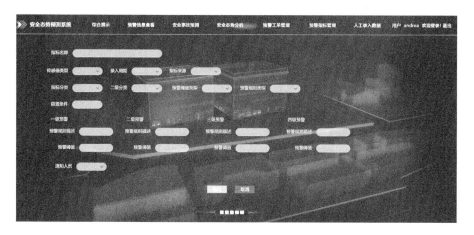

图 6-5　预警指标管理详情

6.3.2　人工录入数据

（1）功能概述

人工录入数据模块主要对预警指标管理模块中的指标数据来源设置为人工录入的预警指标进行人工录入操作,同时系统自动对录入的数据进行预警分析校验,并生成与预警指标对应的预警工单信息,为安全态势分析中的贝叶斯算法提供数据支持,同时为预警工单管理模块提供数据支持。

（2）数据库设计

相关信息如表 6-2 所示。

表 6-2　人工录入表

代码	名称	数据类型	备　注
id	ID	VARCHAR(32)	
target_id	指标 ID	VARCHAR(32)	
target_val	指标数值	VARCHAR(32)	
created_by	创建人	VARCHAR(32)	
created_time	创建时间	DATETIME	
updated_by	更新人	VARCHAR(32)	
updated_time	更新时间	DATETIME	

（3）可视化设计

相关界面如图 6-6 和图 6-7 所示。

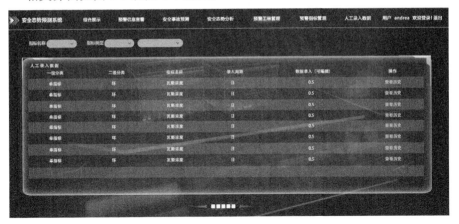

图 6-6　人工录入数据列表

6.3.3　云平台数据采集

（1）功能描述

物联网云平台收集煤矿风险指标实时数据并对其进行处理,是煤矿安全态势预测预警系统的数据来源。本模块基于物联网云平台提供的数据接口实现云平台与煤矿安全态势预测预警系统的数据交互,以实现应用于煤矿安全态势预测以及煤矿各项监测指标及风险预警的煤矿实时监测数据的下载,以及煤矿

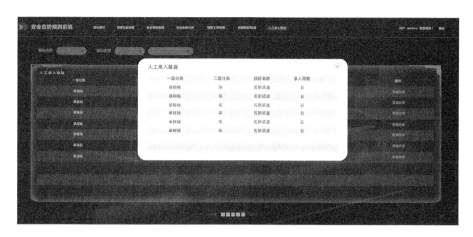

图 6-7 人工录入数据—查看历史

安全态势预测及指标、风险预警结果的上传。借由此模块以实现煤矿安全数据集约化、网络化远程管理,充分发挥物联网及云技术在煤矿安全风险预测预警中的作用。

① 物联网数据获取。云平台数据管理模块需要具有通过云平台所提供的数据接口下载获取指定煤矿的风险指标监测数据,并将其转化为预测模型所需的格式及数据类型的能力,以为煤矿安全态势预测预警系统进行态势预测及风险预警提供数据支持。为保障煤矿安全生产,煤矿每时每刻产生数据量巨大的监测数据,因此本模块需要具有大规模数据处理的能力。物联网依据煤矿安全态势预测指标体系为系统提供所需监测数据,包括煤矿基本信息、生产监测信息以及安全管理信息。每一项监测数据具体包括煤矿编号、监测位置、监测数据类型、监测值、监测时间等属性。

② 本地数据上传。为提高全国煤矿整体安全水平,需要对全国各地的煤矿的事故、风险及其产生原因进行分析总结,因此云平台数据管理模块需要具有将安全态势预测结果及风险预警结果上传至云平台进行汇总分析的能力。安全态势预测及风险预警系统的预测及预警结果需要上传至云平台进行收集分析,本模块通过平云台所提供的数据上传接口将经过处理的预测预警数据结果上传至物联网云台。云平台收集各个煤矿预测预警数据,基于数据挖掘技术对此数据进行挖掘分析,可以进一步找寻煤矿风险的成因,为管理者决策及国家政策法规制定提供数据支撑。

6.3.4 安全事故预测

（1）功能描述

安全事故预测模块主要对预警指标对应的传感器（或人工录入）的历史数据进行计算分析，提前预测未来一定时段内的数据走势。当预测结果不符合预警指标要求时自动生成安全事故预测预警信息，在事故发生前进行提醒并分析可能导致事故发生的原因。

（2）数据设计

相关信息如表 6-3 所示。

表 6-3　事故预测预警信息表

代码	名称	数据类型	备　注
id	ID	VARCHAR(32)	
target_id	指标 ID	VARCHAR(32)	
target_name	指标名称	VARCHAR(32)	
warning_val	预警值	VARCHAR(32)	
warn_level	预警等级	VARCHAR(32)	1：一级预警；2：二级预警；3：三级预警；4：四级预警
warn_des	预警规则	VARCHAR(32)	
data_source	指标来源	CHAR(1)	
sensor_id	传感器 ID	VARCHAR(32)	
sensor_name	传感器名称	VARCHAR(32)	
sensor_type	传感器类型	VARCHAR(32)	
location	安装位置	VARCHAR(128)	
accident_type	事故类型	CHAR(1)	4：瓦斯事故；5：机械事故；6：运输事故；7：电气事故；8：水灾事故；9：顶板事故
pre_time	预测时间	DATETIME	
created_by	创建人	VARCHAR(32)	
created_time	创建时间	DATETIME	
updated_by	更新人	VARCHAR(32)	
updated_time	更新时间	DATETIME	

（3）可视化设计

相关界面如图 6-8 和图 6-9 所示。

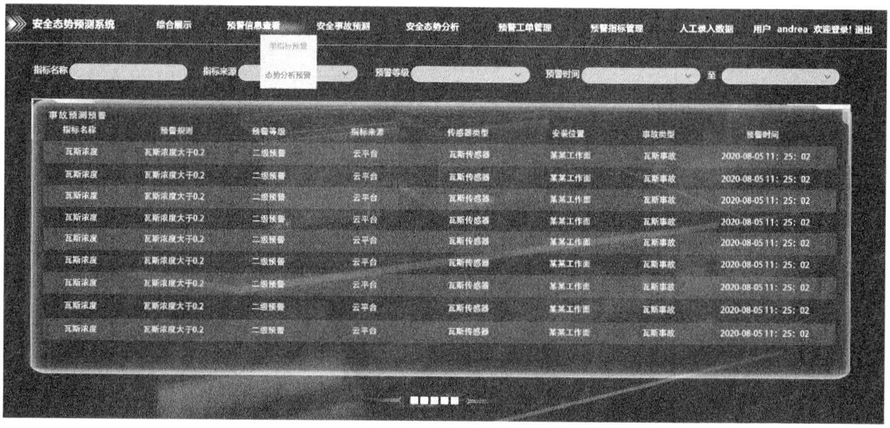

图 6-8 安全事故预测列表

图 6-9 安全事故预测详情

6.3.5 安全态势分析

（1）功能描述

安全态势评价模块通过系统安全态势评价模型及煤矿风险安全态势预测模型对煤矿整体的安全态势及各项风险的安全态势进行预测及分析,使用云平台上传的煤矿监测数据,通过安全态势预测模型评价预测未来一段时间内煤矿整体安全程度及各项风险的安全程度。将过往、当前、预测各个时间段的态势评估综合,形成一个时期内煤矿的安全态势走向图,并将预测分析结果通过用户交互模块展示给系统使用者。同时,煤矿中某一安全态势的值低于设定的阈值时,本模块通过信息通知模块通知相关煤矿负责人,并通过云平台数据管理模块将态势预测结果上传至云平台。此外,本模块通过内部算法。根据安全态势预测及评估结果对当前煤矿安全状态进行分析,为管理人员提供相应的决策支持。

（2）数据设计

相关信息如表 6-4 所示。

表 6-4 安全态势信息表

代码	名称	数据类型	备 注
id	ID	VARCHAR(32)	
accident_perc	事故概率	DECIMAL(32,10)	
nodes	节点集合	TEXT	
accident_type	事故类型	CHAR(1)	4:瓦斯事故;5:机械事故;6:运输事故; 7:电气事故;8:水灾事故;9:顶板事故
created_by	创建人	VARCHAR(32)	
created_time	创建时间	DATETIME	
created_by	更新人	VARCHAR(32)	
updated_time	更新时间	DATETIME	

（3）可视化设计

相关界面如图 6-10 所示。

为了更加准确评估煤矿安全态势,系统在该功能模块中提供对安全态势分析预警指标配置的功能。煤矿安全态势着眼于某一时间、空间内各种风险产生的可能性。根据系统性原理,以风险识别和危险源识别为基础,提取煤矿生产运作中可能存在的主要风险,并以风险为指标作为评估煤矿安全态势的维度。在确认安全态势评估维度的基础上,通过风险可能性、风险告警时间、风险影响范围、风险区域数量等属性综合描述该项风险指标。进一步地,风险指标的描述建立在针对风险的预测的基础上,通过探究煤矿风险间接影响因素、煤矿风险直接影响因素以及煤矿风险间的相互作用机理,在对物联网大数据的分析的基础上对煤矿风险进行预测。最终,实现从监测大数据入手对煤矿整体安全态势的评估和预测工作。因此,为了从系统角度、从风险角度全面掌握煤矿整体

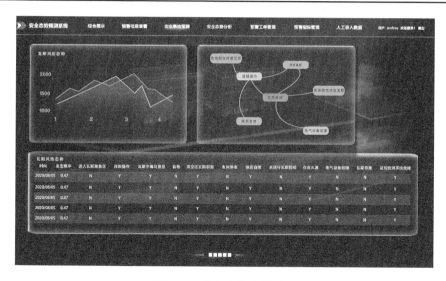

图 6-10　安全态势分析界面

安全情况的变化趋势,对煤矿中潜在的风险进行预控以在风险出现前有针对性地投入煤矿安全资源,消灭风险于未然之中,需要为不同的事故类型设置不同的安全态势预警指标。

安全态势分析预警指标配置相关的数据设计如表 6-5 所示。

表 6-5　安全态势分析预警配置

代　码	名　称	数据类型	备　注
id	ID	VARCHAR(32)	
accident_type	事故类型	VARCHAR(32)	
lv1_val	一级预警阈值	DECIMAL(32,10)	
lv2_val	二级预警阈值	DECIMAL(32,10)	
lv3_val	三级预警阈值	DECIMAL(32,10)	
lv4_val	四级预警阈值	DECIMAL(32,10)	
created__by	创建人	VARCHAR(32)	
created_time	创建时间	DATETIME	
updated_by	更新人	VARCHAR(32)	
updated_time	更新时间	DATETIME	

6.3.6 预警信息查看

（1）功能描述

为单指标预警、事故预测预警、态势分析预警提供查看及关键词检索功能。

（2）数据设计

相关信息如表 6-6 和表 6-7 所示。

表 6-6 事故预测预警信息表

代码	名称	数据类型	备 注
id	ID	VARCHAR(32)	
target_id	指标 ID	VARCHAR(32)	
target_name	指标名称	VARCHAR(32)	
warning_val	预警值	VARCHAR(32)	
warn_level	预警等级	VARCHAR(32)	1：一级预警；2：二级预警；3：三级预警；4：四级预警
warn_des	预警规则	VARCHAR(32)	
data_source	指标来源	CHAR(1)	
sensor_id	传感器 ID	VARCHAR(32)	
sensor_name	传感器名称	VARCHAR(32)	
sensor_type	传感器类型	VARCHAR(32)	
location	安装位置	VARCHAR(128)	
accident_type	事故类型	CHAR(1)	4：瓦斯事故；5：机械事故；6：运输事故；7：电气事故；8：水灾事故；9：顶板事故
pre_time	预测时间	DATETIME	
created_by	创建人	VARCHAR(32)	
created_time	创建时间	DATETIME	
updated_by	更新人	VARCHAR(32)	
updated_time	更新时间	DATETIME	

注：单指标预警查看数据来自预警工单表。

表 6-7 安全态势预警信息表

代码	名称	数据类型	备 注
id	ID	VARCHAR(32)	
accident_type	事故类型	CHAR(1)	4:瓦斯事故;5:机械事故;6:运输事故;7:电气事故;8:水灾事故;9:顶板事故
accident_perc	事故概率	DECIMAL(32,10)	
warning_des	预警规则	VARCHAR(128)	
warn_level	预警等级	VARCHAR(32)	1:一级预警;2:二级预警;3:三级预警;4:四级预警
CREATED_BY	创建人	VARCHAR(32)	
created_time	创建时间	DATETIME	
updated_by	更新人	VARCHAR(32)	
updated_time	更新时间	DATETIME	

（3）可视化设计

相关界面如图 6-11 至图 6-13 所示。

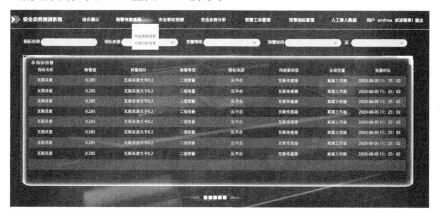

图 6-11 单指标预警信息查看

6.3.7 预警工单管理

（1）功能描述

预警工单管理主要对工单基本信息进行维护,并按照预警工单处理流程进行工单处理,如图 6-14 所示。

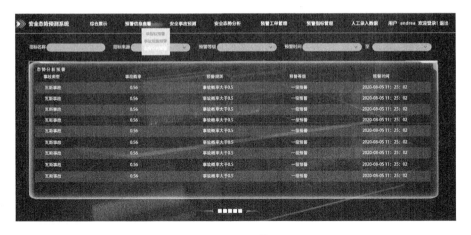

图 6-12　态势分析预警查看列表

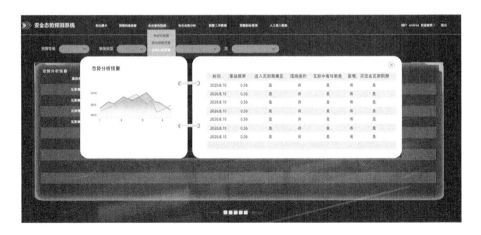

图 6-13　态势分析预警查看详情

（2）数据设计

相关信息如表 6-8 所示。

（3）可视化设计

相关界面如图 6-15 至 6-18 所示。

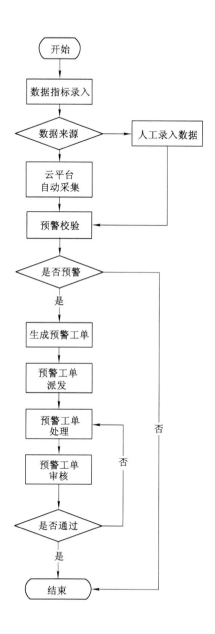

图 6-14　预警工单处理流程

表 6-8 预警工单表

代码	名称	数据类型	备 注
id	ID	VARCHAR(32)	
target_id	指标 ID	VARCHAR(32)	
target_name	指标名称	VARCHAR(32)	
warning_val	预警值	VARCHAR(32)	
warn_level	预警等级	VARCHAR(32)	1:一级预警;2:二级预警;3:三级预警;4:四级预警
warn_des	预警规则	VARCHAR(32)	
data_source	指标来源	CHAR(1)	
sensor_id	传感器 ID	VARCHAR(32)	
sensor_name	传感器名称	VARCHAR(32)	
sensor_type	传感器类型	VARCHAR(32)	
location	安装位置	VARCHAR(128)	
depart_id	通知部门 ID	VARCHAR(32)	
depart_name	通知部门	VARCHAR(32)	
user_id	通知人 ID	VARCHAR(32)	
user_name	通知人	VARCHAR(32)	
deal_user	处理人 ID	VARCHAR(32)	
deal_user_name	处理人	VARCHAR(32)	
deal_des	处理描述	VARCHAR(1024)	
check_user	审核人 ID	VARCHAR(32)	
check_user_name	审核人	VARCHAR(32)	
check_des	审核描述	VARCHAR(1024)	
is_pass	是否通过	CHAR(1)	0:不通过;1:通过
status	处理状态	CHAR(1)	0:待处理;1:处理中;2:已处理;
assign_time	分派时间	DATETIME	
deal_time	处理时间	DATETIME	
check_time	审核时间	DATETIME	
created_by	创建人	VARCHAR(32)	
created_time	创建时间	DATETIME	
updated_by	更新人	VARCHAR(32)	
updated_time	更新时间	DATETIME	

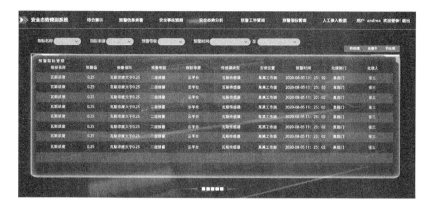

图 6-15 工单列表

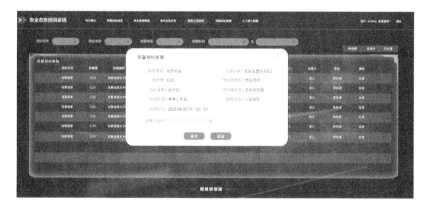

图 6-16 预警工单分派

图 6-17 预警工单处理

图 6-18　预警工单审核

6.3.8　作业管理

（1）功能描述

煤矿井下工作环境中经常需要进行井下作业,部分类型的煤矿井下作业可能会影响煤矿监测传感器的监测结果,如动火作业会影响火源监测器的监测结果,从而产生误报警,浪费风险应急资源。此外,矿井部分矿区可能暂时或永久关闭,继续对其进行安全态势预测和风险监测同样会浪费资源。作业管理模块通过相关管理人员的操作,增加、改变煤矿作业信息,将煤矿特殊井下作业信息汇总于此模块页面,以协调矿区负责人、煤矿安全态势预测预警系统、监测传感器以及作业人员,有助于顺利开展井下作业,并避免风险误报产生的恐慌及资源浪费。

（2）数据设计

相关信息如表 6-9 所示。

表 6-9　作业管理

代码	名称	数据类型	主键	备注
id	ID	VARCHAR(32)		
name	作业名称	VARCHAR(32)		
address	作业地点	VARCHAR(128)		
dep_name	作业部门	VARCHAR(32)		
conent	作业内容	VARCHAR(1024)		

表(6-9)续

代码	名称	数据类型	主键	备注
created_by	创建人	VARCHAR(32)		
created_time	创建时间	DATETIME		
updated_by	更新人	VARCHAR(32)		
updated_time	更新时间	DATETIME		

（3）可视化设计

相关界面如图 6-19 所示。

图 6-19　作业管理

6.4　系统实现方案

6.4.1　系统层方案

支持主流 Linux 操作系统，达到 TCSEC 评估标准 C2 安全级，为物联网环境下的煤矿安全态势预警系统提供了全面的安全机制。

① 入侵检测系统 Snort、Portsentry、Lids 等。

② Linux 已有多种加密文件系统，如 CFS、TCFS、CRYPTFS 等。

③ Linux 安全审计记录网络连接情况和时间等关键信息。

④ Linux 访问控制可从全系统的角度定义和实施访问控制。

⑤ Linux 防火墙使主机具有高度的安全性和抵御各种攻击的能力。

通过安全配置和安全管理机制来进一步提升平台的安全性，主要包括：取消不必要的服务、限制远程存取、隐藏重要资料、修补安全漏洞、采用安全工具以及经常性的安全检查等。

6.4.2　数据库层方案

支持 mysql、oracle 等主流数据库,为物联网环境下的煤矿安全态势预测预警系统提供了完全、灵活且可靠的机制确保有效的用户验证,并且维护隐私和数据完整性,管理数据库的权限,以及监视整个数据库操作。

（1）用户验证

通常,数据库系统在其内部通过检验用户在登录时提供的口令对用户进行验证,也可以选择由操作系统和安全软件包在数据库外部进行验证,这些服务可能是网络操作系统、网络安全服务或者验证设备,以便使用户可以对整个数据库或网络进行统一的安全管理。因为对安全策略只需定义一次便可实施于整个网络,所以大大减少了系统管理的开销。

（2）数据库权限

数据库权限授权用户可以进行特定的 CMD 操作,例如在选定数据库对象上进行插入、更新或删除操作。有效的权限管理使用户可以精确地实施数据库安全策略,确保用户只得到他们应有的权限,不具备某个数据库对象相应操作权限的用户是绝对无权对该数据库对象进行相应操作的,这一点可以杜绝非法用户的闯入。

（3）口令策略的加强

加强数据库用户口令的安全策略,可以采用基本的口令管理准则,如口令的最小长度、口令的复杂性和口令的更改周期。这样一来,可以为系统管理员提供行之有效的口令管理办法。

6.4.3　数据层方案

支持数据传输的加密和安全摘要,保证敏感数据在数据传输时的机密性和不被篡改,以及系统在线数据的访问合法性。

① Authentication 身份认证功能:识别访问个体的身份;

② Uthorization 授权能力:保障被授权用户对数据的查询和修改能力;

③ AccessControl 访问控制:确定对指定数据的访问能力;

④ Profile 控制:管理会话资源占用,同时也管理用户密码的安全策略;

⑤ DelegatedAdministration 代理管理能力:对用户账号集中管理;

⑥ Privilage 用户权限控制：通过角色（Role），权限（Privilage）等的一系列授予（Grant）和回收（Revoke）操作可以有效地进行用户的权限控制；

⑦ Audit 访问审计：对操作特定操作对象进行审计。

6.4.4 应用层方案

用户管理、权限管理充分利用了操作系统和数据库的安全性；应用软件运行时备有完整的日志记录，并提供日志审计功能。对于需要登录系统访问的用户，通过产品提供的安全策略强制实现用户口令安全规则，如限制口令长度、限定口令修改时间间隔等，保证其身份的合法性。在系统中建立针对前端用户的审计功能，记录每个用户访问的数据模型，使用的数据库用户，登录用户，以及具体的查询条件、查询内容、使用时间和登录 IP。系统还提供审计人员通过图形界面进行审计的功能。

6.5 典型案例

如前文所述，煤矿安全态势预测预警系统的建设内容非常之多，本书借鉴山西某煤矿的系统开发建设经验，对系统建设的主要内容予以介绍。

6.5.1 系统集成与数据采集

本案例采用的煤矿安全态势预测预警系统建设，总共集成使用该矿井监测监控系统、人员定位系统、工业视频系统、变电所监控系统、矿压监测系统、双重预防管理信息系统等共计 17 个信息化子系统，对于当前有国家、行业数据采集标准的子系统，按照标准进行数据采集，对于暂时没有数据采集标准的子系统，参考类似系统自定义数据采集。

系统对于从各子系统采集到的煤矿安全生产、监测监控、安全管理数据，通过大数据集成云平台进行管理，本系统从云平台获取数据。

6.5.2 指标体系及规则建设

（1）指标体系建设

在子系统集成和数据采集、存储的基础上，建立基于各子系统独立监测指标的安全风险分析预警指标体系和针对自然灾害、重大设备和矿井的安全风险评估指标体系，独立指标安全风险分析预警指标体系是安全评估指标体系的基础,其中的关键指标作为安全评估指标体系里面的计算依据。

各系统独立分析预警指标体系,一是要分析判断系统的可靠性和稳定性,要分析判断各系统的故障次数、通信异常等信息,判断系统是否能够正常的工作,发挥应有的作用。系统只有在正常的条件下,才能够为其他维度的安全评估提供准确的数据支持。二是能够对系统的每一个独立监测指标进行分析预警,判断监测对象的状态和变化趋势。

本系统建立各系统独立分析预警指标,以及针对自然灾害、生产区域安全态势、矿井安全态势评估等的综合评价指标体系。

独立分析预警指标,针对各集成子系统,选择关键的监测项,如瓦斯浓度、涌水量等,对其监测值进行阈值判断,利用历史监测数据进行数据挖掘。

自然灾害安全指标,反映某一类型的自然灾害,如水灾、火灾、瓦斯等自然灾害的安全风险状态和趋势。对于自然灾害,首先分析本灾害类型由哪些系统进行监测;其次分析每个系统有哪些监测指标,通过这些监测指标来建立分析预警、综合评估。

生产区域、矿井综合安全评估指标,综合反映在一定的时间周期内特定生产区域、矿井的安全风险状况和态势,做到从局部到整体的多层次、全方位的安全状态评估。

项目指标体系建立如图 6-20 所示。

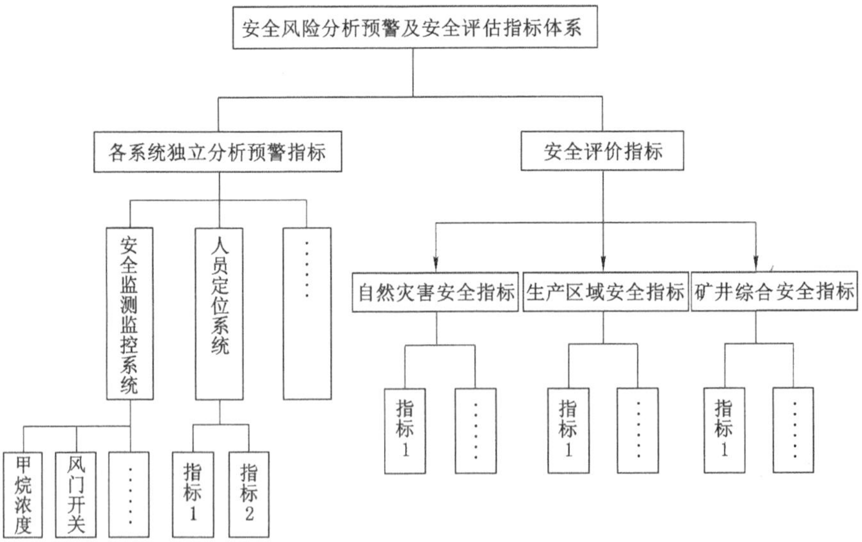

图 6-20 安全风险分析预警及安全评估指标体系

（2）规则建设

系统平台预先设置预警规则，当监测、分析、评估数据发生变化触动规则时，系统自动预警，并按相应的流程进行处理。

预警规则设置如表 6-10 所示。

表 6-10　预警规则设置表

等级		说明	备注
四级预警	4	严重	警报级
三级预警	3	较严重	预警级
二级预警	2	中等	注意级
一级预警	1	不严重	不发布

6.5.3　算法模型管理及监测预警、预测、态势分析

（1）算法模型管理

本案例系统具备算法模型管理功能，主要是对系统平台中使用的煤矿安全风险实时预警、趋势分析、综合分析算法进行集中管理，在 Hadoop 分布式系统之上，基于其命令接口提供一套友好的、可视化的操作界面，基于 MapReduce 编程模型，将常用的数据挖掘的算法进行并行化，并使其并行地运行于集群之上，以应对海量的数据处理需要，包含数据管理、算法管理及任务管理。数据管理模块管理 HDFS 文件系统中的数据，算法管理模块主要用于配置、管理各并行化的数据挖掘算法，任务管理模块运行数据挖掘任务。

（2）安全风险监测预警、预测、态势分析的实现

基于已建立的指标体系和算法模型，能够实现针对独立指标的监测预警、趋势预测、事故风险态势评估、矿井综合安全风险态势分析。煤矿相关业务管理人员根据系统预警、预测、评估结果，采用必要的管理措施，有效管控风险，避免事故的发生。相关界面如图 6-21 至图 6-24 所示。

6.5.4　项目整体效果

煤矿安全态势预测预警系统的开发建设，通过系统集成、数据采集和存储以及指标体系建设管理，能够将煤矿安全管理方面的数据进行集中统一管理，将离散、异构的矿井数据高效地组织起来。信息系统研究采用先进的数据算法

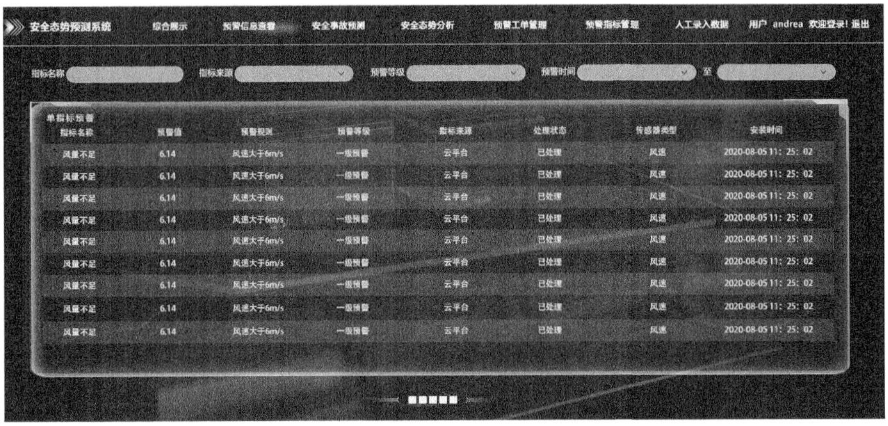

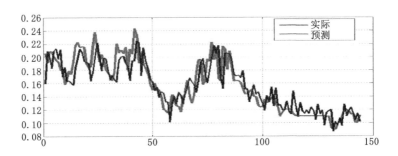

图 6-21　独立指标监测预警

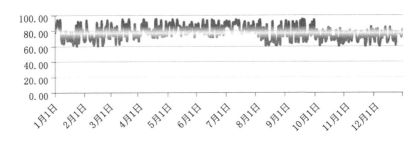

图 6-22　基于时间序列法的瓦斯浓度趋势预测（4 小时内）

图 6-23　基于层次分析法的煤矿综合安全态势评估

模型,深度挖掘海量数据中被忽视、不易获取的数据,并通过流程化工单处理,实现安全事项在不同层级、部门人员之间的流转、闭环管理。系统信息以可视化方式,以图、表、文字等多种方式呈现出来,被用户人员快速感知。

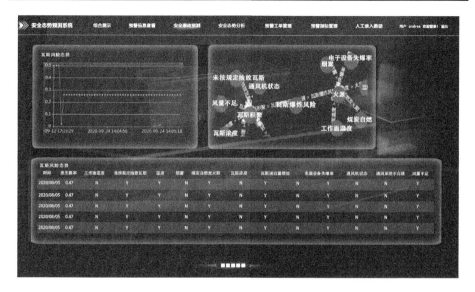

图 6-24　基于贝叶斯算法的瓦斯风险态势

图 6-25　煤矿安全态势预测系统界面图

相关界面如图 6-25 所示。该信息化的建设能够有效突破煤矿安全生产中人员的智力局限,解决想不起、理不清、看不远的问题;能够突破人员的能力局限,解决看不见、算不准、管不住的问题;能够突破人员的心理局限,解决人员惰性、任性和利己性的局限,实现综合、全面、及时、客观地监测、反映煤矿安全现状及发展态势,为煤矿的安全生产提供技术支撑和信息服务。

本章小结

本章从信息化角度介绍了煤矿安全态势预测预警系统的整体架构设计及功能实现,包含系统的五层架构、各模块的功能描述、数据库设计及可视化展示,通过建立科学、动态的矿井安全风险分析预警指标体系,构建灾害事故及矿井总体安全风险分析预警和安全评价模型,通过大数据可视化手段展示各类事故及矿井总体安全趋势,降低主观判断误差,提前预警预报安全风险,为各级管理人员提供安全决策依据,有效避免安全事故发生,降低安全管理成本,同时也为各级政府安全监管监察部门的精准监管提供了最基础、最重要的数据支持。

7 物联网环境下煤矿安全监管体系的保障

7.1 理顺煤矿安全监管体制机制

基于物联网的煤矿安全监管运作机制是基于网络平台模式的协同运作机制,打破了原有部门的专业分工、职能分工,进而形了综合一体、相互协助的运作模式。为了提高煤矿安全监管效率,充分考虑物联网在煤矿监管中的作用,调整现有煤矿安全监管体制机制,构建基于物联网技术内核的煤矿安全监管体系,需要从监管体制组织结构、运行机制以及技术支持上加以完善。

7.1.1 明确监管机构职责,构建煤矿安全管理体系

(1)"国家监察、地方监管、企业负责"曾经在保障煤矿安全中发挥了重要作用,但多头管理体制暴露出诸多弊端,难以克服

"国家监察、地方监管"的多头煤矿安全监管体系导致机构重叠、职能交叉、权责不清。国家煤矿安监部门为主的垂直管理体制与煤矿安全监管属地管理的双重体制格局并存,同时省、地市分别设有安监局、煤监局、煤炭工业局等,县一级也设有安监局、煤炭局等,这种双重煤矿监管体制存在严重的机构重置。各安全管理机构的职责划分混乱,各部门职能重叠和责任推托现象并存。即使是国家法律和法规,也存在相互矛盾和冲突之处,同一职能不同法律规定由不同部门来履行的情况很多,由此导致的各部门职责混乱,特别是那些边缘化的职责混乱现象就更为严重。物联网环境下的多头管理体系进一步加剧了权责不清及权责不对等的混乱管理状况。物联网环境下,监管各方更易于获得煤矿安全信息,有利于监管协调,但对于安全信息的处理,处理安全信息的权责,部门之间基于物联网的协调及互补机制,既没有在法律法规上明确规定,在具体执行上各部门也并无具体的协调机制,这就会进一步加剧监管混乱。同时,安

215

全信息监管下的权责具有随意性,追责也无法定性,权责不清导致的权责不对等进一步加剧。

监管监察在监管工作分工中存在角色错位和混乱。在实际监管中,监察部门起到了更多的监管作用。国家的强势监察机构已经不能反映"国家监察、地方监管、企业负责"的基本设计。从各级煤矿安全监察部门的安全监察内容来看,各级煤矿安全监察部门对全区煤矿实施"专项监察"、"定期监察"和"重点监察",事实上已经承担了大部分煤矿安全监管的工作。因此,两条线所起的作用实质上是相同的。监察监管不分,造成监管力量分散,监管任务简单重复,监管监察部门之间协调不畅,权责不清。

煤矿安全监察部门做了大部分煤炭监管工作,但在煤矿安全生产事故调查中,却居于"调查者"的地位。当煤矿发生安全生产事故后,在划分煤矿安全事故责任时,煤矿安全监察部门却以有煤炭行业主管部门为由而置身事外,将监管责任推至煤炭行业主管部门。据不完全统计,近几年来,从已经公开的煤矿安全生产事故处理情况看,地方政府及其行业主管部门的领导及工作人员是被追究法律责任的主体,很少有煤矿安全监察部门的工作人员因未尽到监察责任而受到处理。

在现有安全管理体制下,省市监管部门力量弱,无法进行全方位安全管理;监察部门又以监察为本,并无实施全面监管的责任。在这种情况下,难以实现全方位的监管,滋生监管盲区。

(2) 构建"企业管理,机构监察"的垂直独立监管体系,理顺职权职责

垂直独立监管体系职权职责明确、清晰。明确监管机构的职责是对煤矿企业的安全管理进行监管而不是替代煤矿企业进行安全管理;监管机构的对象是煤矿企业的安全管理体系;监管的目的在于提高企业的安全管理水平、管理方法和管理技术,而不是替煤矿企业的安全管理查漏补缺;监管的内容是煤矿企业的安全监管体系、流程和执行情况;监管的方式是通过远程监管、日常监督、抽查等对煤矿企业的安全监督管理绩效进行考核,对其安全监管问题进行披露,对其安全监管改进进行跟踪。

监管监察合二为一,独立行使煤矿安全监管职能,从监管制度机制而言有诸多优点。① 监管监察合二为一,增强监管力量。长期以来,监管人员少、监管力量弱是煤矿安全监管的现状,把监察监管两个部门合并统一,能形成合力,增强监管力量。② 独立的监管机构可以割断和地方政府的利益关联,更公正、客观、公平;也摆脱了监察部门虽然是独立机构,却在监管部门是"地头",难以监

管的局面。③ 有利于统一指挥,统一安排,杜绝多部门监管的简单、重复监管现象。④ 沟通协调更流畅高效,有利于安全监管的系统安排、系统评估。⑤ 职责职权清楚,权责对等。

7.1.2 厘清信息权责,健全多主体协同监管体制机制

(1) 建立基于物联网信息的入网内容、入网时间、信息标准等的安全信息体系

物联网环境下,煤矿安全信息可以分为两类:必须到现场的安全信息和无须到现场的安全信息,后者可以分为实时监控和静态信息。煤矿安全信息技术的使用效果既依赖于信息技术,又依赖于采集信息的可信度。因此,要对入网信息(危险源)与安全基础信息等进行标准化建设,保障整个监管体系的数据一致性。对于煤矿安全信息,应明确规定入网信息的类型,入网信息的性质(动态或静态数据),入网信息的格式等,规范化、标准化安全信息源。

(2) 对网络监管的监管主体及其权责、监管内容、监管方式在监管体制上进行明确

物联网环境下,基于煤矿安全信息的分层分级监管对数据管理的权限、内容均不同,监管方式在不同监管层级上也有差异,这就要求在数据使用权责上进行合理界定。在监管内容上,各级危险源和隐患的监管方式、监管级别和监管流程在安全信息层面存在差异,也需要具体界定。这就要求监管部门在监管方式和监管流程上进行明确,组织机构和机制设计上也应体现出利用数据监管的特点。监管方式在远程监管和实地检查上也应体现监管内容和流程的差异,并在分工上进行合理界定。

(3) 理顺物联网环境下的多主体协调机制

基于物联网的煤矿监管协调主要体现在两方面。一个是监管部门在实施监管任务的时候进行协调,以更全面细致地掌握煤矿企业安全状况,主要包括对煤矿"人、机、环、管"的各个监察部门的协调,以及网络监察和现场监察的协调。二是对监察、执法以及包括外联单位在内的监管过程的一致性和闭环性进行协调。前者从监管任务和监管方式进行协调,后者对监管流程进行协调。

物联网云系统在构建多主体协同机制上具有极大的信息优势。多主体、多层级监管机构通过物联网云平台可以实现信息共享、资源共享、技术共享,构建多方参与、协同的多层次、多方位监察机制成为必须。

物联网下需要理顺多主体监管计划、执法和反馈的协同机制。各层级监管

机构的执法主体、地位、职责均有所不同,但执法对象、目的、方法都完全一致。物联网背景下的多方参与协同管控,分阶段分层次分步骤,根据不同步骤的管理目标、管理内容、管理方法设置相应的管理人员,并建立统一执法平台。对煤矿企业的安全隐患分级,针对不同级别的隐患,设置不同的监察方法与监察者,执法前查询该企业所有执法信息,执法后及时上传执法信息。形成对多部门监管任务的协调,包括网络监察和现场监察在内的多监管方式的协调以及对监察、执法和外联单位监管过程的一致性和完整性的协调。

(4)基于物联网的配套安全监管智能系统的开发

物联网系统不仅由感知层的传感器收集数据,而且需要在安全监管系统之间互传和储存数据,建立物联网云平台。在应用层面,通过对调用数据的处理和解决方案来管理和控制手机、PC等终端设备,实现监管人员所需要的应用服务。应用层还可与煤矿安全行业专业技术深度融合,实现安全监管的智能化。

7.1.3 改进监管方式,构建监管新模式

(1)实施差异化、精准化安全监管

以安全风险管控为主线,综合考虑煤矿的灾害程度和安全状况等因素,即煤矿安全管理、灾害程度、生产布局、装备工艺、安全诚信、安全生产标准化建设、人员素质及生产建设状态等,将煤矿分为不同的类别,采取不同的监察时间、监察次数,将监管力量向灾害大、易发事故重点区域、重点煤矿倾斜,优化监管资源配置,实施差异化、精准化的安全监管。在科学分类的基础上,实施煤矿动态分类监管。

从风险管理和隐患排查的角度利用物联网技术和大数据分析进行分解管控和差异化、精准化管理。按照风险等级,所需管控资源、管控能力、管控措施复杂及难易程度等因素,利用风险安全数据对风险等级进行分类。根据风险越高管控级别越高的原则实施差异化动态监管,确定不同管控层级的管控方式,重大风险由煤矿主要负责人管控,较大风险由分管负责人和科室管控,一般风险由区队负责人管控,低风险由班组长和岗位人员管控。

(2)现场监察和远程检查相结合的监管模式

通过物联网和云平台,各级监管机构可以获取更全面、实时和关键的安全数据。远程监察是指利用多种信息化手段,打破地域、时间限制,在煤矿现场以外通过网络远程开展的监察执法活动。物联网环境下,远程监察正逐渐成为常规和主要的监察手段。

对地下资源开发采用感知物联网等技术,建立监测体系,提高矿产资源开发远程监控、井下人员设备定位、瓦斯等灾害预警预报能力,实现多方联动和远程会商。通过物联网云平台,使用计算机及各类终端查看各类监测监控数据、煤矿安全生产基础数据、图纸、资料等,通过电话、网络进行安全警示提醒、了解安全生产状况等,通过传真、网络工具核查验证有关安全生产存在的问题、报送核查整改报告等,通过视频、拍照、微信等查看现场问题现状等。

建立远程监察和现场监察相结合和协同的机制。建立远程监察的流程、内容、对象和权责机制。

（3）应用大数据和人工智能助力风险预警

通过大数据技术和智能技术,物联网环境下可实现以预防为主、风险自动识别与预警的煤矿安全的柔性监管方式。以技术信息为手段,以风险的"管"和"控"为核心,集成监管资源,分工合作,分权协作,形成整体功能的模式形态。

建立风险管控云平台进行风险自控识别、动态评估和预测预警。利用物联网相关技术手段,突破信息采集可信保障、重大风险与违章自动识别、移动互联执法等关键技术,建立区域安全态势预警指标体系及模型、安全管控云平台,构建"广覆盖、早感知、深融合、自辨识、准预判、全管控"的物联网煤矿安全监管监察新模式。

利用大数据助力风险评估与预测。以大数据机器学习技术为手段,挖掘风险特征和规律,结合物联网环境下的矿井重大风险与违章自动辨识、区域风险态势智能分析与预警等关键技术,进行隐患识别、风险动态评估和预测预警。

依托基于物联网矿山安全大数据和"云交互数据管道",利用数据挖掘技术和事故致因理论,依据"人、机、环、管"统一描述方法和安全判识准则,开展针对矿山重大危险源的感知、监控、分析研究,从"人、机、环、管"几个方面构建多维度的矿山安全评价预测预警指标体系和方法体系,为矿山安全态势的评价预测预警提供理论和方法支持。

7.1.4　提高人员素质,保障物联网监控有效运行

要保障物联网在煤矿安全监管中的发展应用,需要从三个方面入手,提供物联网技术支撑和应用框架。

① 煤矿企业对物联网系统使用的投入。物联网作为新技术,系统的软硬件投入、维持和员工对物联网技术的培训教育机制均需投入。需要从财政层面,从补贴的角度进行研究,保障、激励煤矿企业主动投入使用物联网系统。

② 安监系统对物联网系统使用的投入。这里主要指系统的软硬件投入,需要从财政层面进行投入。

③ 对安监系统人员的培训,主要是对安监员和系统协调人员的培训。

以监管信息平台为纽带,引入大数据、区块链、人工智能等新兴信息技术,构建多元主体共享的监管信息平台。监管信息平台可以实现监管信息不可篡改和全程追溯,促进监管主体之间的信息共享,加强监管主体在监管过程中的协作,同时在监管主体与监管对象之间架设沟通桥梁。这些都需要从技术与人力两方面进行投入。

7.2 完善煤矿安全监管法律法规体系

7.2.1 健全煤矿安全法律法规,为体系建设提供法律基础

煤矿物联网安全监管体系建设过程中,相关标准的制定和监管执法要求以严密完整、可操作性强、法律效力高的煤矿安全生产法律法规为依据。借鉴煤矿安全法律法规较为完善的美国、南非、韩国等国家的经验,需要从可操作性等方面完善我国煤矿安全法律法规,为我国煤矿物联网安全监管体系的建设提供法律基础。

(1) 提高法律体系的严密性与完整性,增强法律法规的可操作性

我国的法律体系是以"立法宜粗不宜细,原则化、概括化"为指导思想建立起来的,因此矿产资源法、煤炭法、安全生产法等煤矿安全生产方面的法律存在着条款简单、技术粗糙、可操作性差的问题。比如《中华人民共和国煤炭法》第九条规定:"国家鼓励和支持在开发利用煤炭资源过程中采用先进的科学技术和管理方法",但却没有具体的鼓励和支持措施。同时,由于我国的法律条款基本是原则化、概括性的,一部法律通过以后,国务院或有关的职能部门或地方立法机关便要制定一系列的规程、条例、细则、办法来实施。在这个过程中又会出现部分条例、细则、规程等存在漏洞或与法律冲突的情况,或者出现法律和相关规程、条例等的修订不同步的情况,造成下位法与上位法相互抵触。

美国除了制定煤矿安全法律外,还制定了一系列相配套的安全规程或实施细则,建立了完善的法律法规体系。美国矿山安全与健康局制定的矿山安全与健康标准,包括了煤矿和非煤矿山的详细标准,从设计到施工、从开工到报废、从地面到地下,涉及地质测量、采煤、掘进、通风、瓦斯、煤尘、防火、治水、环保、

复田、提升、运输、机电设备、仪表器具、检验程序、取样方法、授权单位、收费标准、人员资格、培训考试、事故登记、调查处理、起诉、奖惩赔偿等,相关的标准非常具体,操作性很强。

我们应该摒弃法律"立法宜粗不宜细,原则化、概括化"的指导思想,构建严密、完整、明确具体、可操作性强的煤矿安全法律法规体系。

（2）从法律层面明确安全监察机构和监察人员的职责和权限

对于安全监察人员的职责和权限,我国《煤矿安全监察条例》中对煤矿安全监察机构及其职责做出了相关规定。《煤矿安全监察员管理办法》中规定了煤炭安全监察员的条件及其职责等,这是在行政法规的层次进行了规定。而美国把设立煤矿安全监察机构、人员、职权、责任都写入法律,对煤矿安全监察机构和安全监察人员的行为,通过立法加以规范,以保证安全监察机构依法行政和依法监察。借鉴美国的方式,我国也应该将煤矿安全监察机构和监察人员的职责和权限写入相应的法律,一方面,确保监察机构和监察人员能够依法对煤矿进行监管。另一方面,从法律层面明确相关监管部门和人员的职责,可以对监管部门和人员的监管行为进行有效的规范。

（3）建立独立的执法部门和监督部门

我国现行的煤矿安全生产监察执法缺少外在监督,执法监管人员缺少约束,难以保障执法的效果。美国的安全监管在这方面的做法值得我国借鉴,美国依据《联邦矿山安全与健康法》建立了独立的、有权威的安全监察部门——矿山安全与健康局,其主要任务是强制执行法定的矿山安全与健康标准,消除矿山死亡事故、将危害程度降低到最低点;保证使美国矿山的安全与健康环境得到改善。为了保证执法的公正,美国在联邦层面上成立了联邦矿山安全与健康复审委员会,对矿山安全与健康监察局的执法行为进行司法复审（其5名委员由总统直接任命）,从而形成了煤矿安全管理的立法、执法和监督的完整的闭环体系。我国也应该建立独立的执法部门和监督部门,确保监管执法的效果。

7.2.2 制定煤矿物联网安全监管法规,保障体系的有效运行

煤矿物联网监管体系的有效推广,需要有相应的煤矿物联网安全监管法规的保障,具体包括:科学系统的煤矿物联网安全监管标准体系、明确的各相关部门职责、完善的煤矿物联网安全监管法律。

（1）制定煤矿物联网安全监管标准体系

　　煤矿物联网安全监管体系是一套全新的监管体系,其中应采用哪些物联网设备、物联网设备应达到什么标准、哪些危险源联接在网络中、危险源信息采用什么样的格式、监管部门需要多少监管人员、监管人员资质等一系列的问题,都应制定明确的标准。在煤矿安全规程中应增加物联网系统维护方面的条款。

　　(2) 明确煤矿物联网安全监管体系建设相关部门的职责

　　煤矿企业必须按照煤矿物联网安全监管的要求,建设完善煤矿物联网安全监控系统,实现对煤矿井下重大危险源的动态监控,为煤矿安全管理提供决策依据。

　　煤矿物联网安全监测设备提供企业要确保设备性能完好,质量符合要求,并提供设备使用维护培训服务。

　　各地煤炭行业管理、煤矿安全监管部门和驻地煤矿安全监察机构要按照职责分工,明确分管领导和业务部门,扎实推进煤矿物联网安全监管体系的建设完善工作。要及时总结推广煤矿物联网安全监管体系建设工作经验,并对进展较好的煤矿企业给予表彰。

　　(3) 完善煤矿物联网安全监管相关法律法规

　　煤矿物联网安全监管体系的建设将会使煤矿企业和各级安全监管部门的监管方式、监管内容有所变更,应该通过修订完善煤矿安全生产法、煤矿安全监察条例等相关的法律法规,从法律层面真正确立煤矿安全国家监察与煤矿安全地方监管的各自职责,理顺煤矿安全生产"国家监察、地方监管、企业负责"的关系,创建"国家监察抓重点、政府属地抓管理、部门监管抓覆盖、企业主体抓落实"的煤矿物联网安全监察工作新格局。

　　煤矿企业要按照规定将重大危险源、安全生产许可证、煤炭生产许可证等相关信息接入物联网系统,并保证实时数据入网。

　　煤矿安全监察工作应在如下方面做出具体的规定:

　　① 物联网采集到的信息可以作为煤矿安全监察人员行政执法的依据。

　　② 煤矿安全监察机构对煤矿企业的下列事项通过物联网实施安全监察:

　　是否依法取得安全生产许可证;

　　煤矿负责人、安全生产管理人员是否按照国家规定取得安全资格证;

　　煤矿是否依法设置安全生产机构或者配备安全生产人员;

　　是否依法建立安全生产责任制;

　　在岗特种作业人员是否取得相关资格证书;

　　分配职工上岗作业前,是否进行安全教育、培训;

　　是否向职工发放保障安全生产所需的劳动防护用品;

是否按照煤矿安全规程的规定绘制符合实际情况的图纸并及时填绘；

是否编制岗位操作规程和作业规程；

是否严格按照操作规程和作业规程作业；

煤矿矿井使用的设备、器材、仪器、仪表、防护用品是否符合国家安全标准或者行业安全标准；

是否使用国家明令禁止使用或者淘汰的设备、工艺；

是否按照国家规定提取和使用煤炭生产安全费用和煤矿维简费；

是否超能力、超强度、超定员组织生产；

是否依法建立应急救援组织或者与具备资质的救援组织签订救护协议。

③ 煤矿安全监察机构对煤矿生产过程中按照规定接入物联网安全监管体系的危险源，通过物联网实施安全监察，如作业场所的瓦斯、粉尘或者其他有毒有害气体的浓度是否超过国家标准或者行业标准或者煤矿安全规程规定。

④ 煤矿安全监察人员对每次安全检查的内容、发现的问题及其处理情况，应当在物联网系统中作详细记录，并由参加检查的煤矿安全监察人员打印签名后归档。

⑤ 要根据煤矿的数量、煤矿生产条件的复杂程度和物联网的应用情况，明确规定监察人员的数量和资质要求。

⑥ 定期对安全监察人员进行培训。培训内容包括监察程序、监察内容、监察方式等方面。

⑦ 实行安全检查"突袭制"。任何提前泄露安全检查信息的人，都将会受到相应的罚款或监禁的处罚。

⑧ 检查人员和矿业设备供应者的连带责任制，监察人员出具误导性的错误报告、矿业设备供应者提供不安全设备，都可能被处以罚款或有期徒刑。

7.3 健全煤矿安全监管制度

基于物联网的煤矿安全监管在监管内容、监管方式、监管流程上都不同于传统的煤矿安全监管，是一种全新的安全监管模式。为了提高煤矿安全监管工作的规范化、标准化水平，使煤矿安全监管能够有据可依，必须制定相应的制度文件。

7.3.1 建立基于物联网的煤矿安全监管责任制度

明确基于物联网的煤矿安全监管岗位责任，建立岗位责任制度是有效推进基于物联网的煤矿安全监管体系的基础。实地调研结果表明,很多监管部门不希望在办公室的终端接入煤矿的实时监测数据,原因是如果监管部门收到煤矿的实时数据,那么煤矿一旦出现事故他们就需要承担责任,因为他们是知情的。造成这种局面的根本原因是各部门的职责不明确。在现行的煤矿安全监管体制下,存在严重的机构重叠、权力分散、职能交叉,进而带来监管责任不明的问题。要改变这种现状,需要在建立垂直独立的煤矿安全监管组织结构的基础上,分析各层级煤矿安全监管部门的监管职责,建立科学明确的岗位责任制度,这是有效推进基于物联网的煤矿安全监管体系的基础。

7.3.2 确定基于物联网的煤矿安全监管标准体系

基于物联网的煤矿安全监管要求各部门根据自己的监管职责,确定监管的具体任务,结合物联网的特点,从监管项目、监管内容、监管标准、监管方式、监管责任人等方面,明确监管的标准,建立基于物联网的煤矿安全监管标准体系。

针对每一项监管项目或监管内容,应结合基于物联网的煤矿安全监管的实际,从目的、适用范围、职责、执行程序、相关文件、相关记录等方面编制煤矿安全监管程序,确保安全监管工作的程序化。

对于每一监管内容的标准,应根据经验数据确定煤矿安全生产过程中的关键监管对象,确定关键监管对象相关参数的阈值标准,确保每一个监管对象处于可控在控状态。

对于煤矿安全监管标准体系的建立,首先各部门根据自己的监管职责制定本部门的监管标准体系,然后将各层次、各部门的标准体系进行综合,分析监管的内容是不是全面、系统,达到不重不漏,避免监管的盲区和重复监管。

7.3.3 构建基于物联网的煤矿安全监管绩效评估体系

煤矿安全监管过程要遵循 PDCA(计划、执行、检查、改进)的运行模式,实现过程的闭环管理,四个环节都非常重要。基于物联网的煤矿安全监管绩效的评估考核就是对监管计划、政策、法律执行的有效性进行检查,以便及时发现问题,持续改进煤矿安全监管工作。执法监督管理部门应定期或不定期地对煤矿安全监管的绩效从监管计划的科学性、监管行为的规范性、监管过程的合理性、监管结果的有效性等方面进行评估。为此,需要完善基于物联网的煤矿安全监管绩效评估体系。

① 完善基于物联网的煤矿安全监管绩效评估指标体系。对煤矿安全监管

绩效进行评估,首先要在明确基于物联网的煤矿安全监管各部门职责的基础上,从监管计划、监管行为、监管过程、监管结果等方面完善煤矿安全监管考核指标体系。通过系统、全面、科学的评价指标体系,更全面、更科学地衡量监管部门的业绩。

② 健全基于物联网的煤矿安全监管绩效评估制度。健全基于物联网的煤矿安全监管绩效评估制度,对安全绩效评估事项做出明确的规定。保障定期进行监管绩效分析,评估执法效果,及时总结和推广先进的监管经验和做法。同时,研究和改进监管的办法和措施,推进监管工作创新,减少监管工作的盲目性和随意性,提高基于物联网的煤矿安全监管的有效性。

其他相关的煤矿安全监管制度还包括煤矿安全监管部门责任追究制度、煤矿安全物联网信息披露制度、公众和媒体监督制度、煤矿安全监管奖惩制度等,从制度上为科学评价各煤矿安全监管部门及监管工作人员的煤矿安全监管绩效提供正向激励和合理的负向激励。

7.4 出台煤矿安全监管体系运行保障措施

7.4.1 加强培训,打造优秀的煤矿安全监管队伍

优秀的煤矿安全监管队伍是做好煤矿安全监管工作的关键。我国煤矿安全监察力量的不足导致了煤矿安全监管真空,从而为煤矿生产留下了极大的安全隐患。同时,监管人员整体素质与监管要求差距较大。实施煤矿安全生产监管的人员既要精通各种法律法规,又要精通煤炭生产安全等专业知识,要求非常高。但我国的安全监管人员绝大部分专业不对口,在煤矿安全生产方面的经验相对欠缺,难以适应安全生产监管工作。

基于物联网的煤矿安全监察又对安全监管人员提出了物联网方面的专业理论和技能方面的要求。根据我国煤矿安全监察人员的现状和基于物联网的煤矿安全监察的素质要求,遵循理论和实践并重的原则,采取理论知识进高校、专业技能进企业的模式,对缺乏专业背景的煤矿安全监察人员进行全面系统的专业培训。在培训内容的设置上,要结合岗位需要,突出物联网应用知识、安全生产知识、煤矿安全生产法律法规、专业技术知识以及职业素养等方面的知识。在培训组织形式上,应根据学员的特点采取小班分层次教授的方式。在培训的方式上,应根据教学内容,结合学员的特点,采用互动式、研讨式、案例式、讲授

式、现场手把手指导式、参观考察式、经验交流式、新老员工传帮带等多种教学方式。力争在短期内培养和打造出一支业务精通、纪律严明、充满活力的物联网煤矿安全监管队伍。

7.4.2 推进创新,支撑和保障监管体系的有效运行

基于物联网的煤矿安全监管体系是采用了新兴的物联网技术的一种全新的监管体系,在体系运行的过程中自然会遇到很多技术和管理等方面的课题需要解决。创新是解决这些课题的关键和核心,包括技术创新和管理创新。

技术创新是支撑,重视基于物联网的煤矿安全技术的研制和开发工作,采用先进的安全监管技术,是煤矿安全生产和煤矿安全有效监管的重要保证。我国应该建立一些专业化的技术支撑机构,进一步研究如何将物联网技术和煤矿先进的设备相结合,并促进煤矿新技术的推广和应用,不断提升煤矿安全监管的自动化、智能化水平。

管理创新是保障,新技术的采用需要有新的管理手段与之相适应。传统的煤矿安全监管方式下,监管数据要通过人工现场检查才能获取,信息量小,传输的速度也较慢。而在基于物联网的煤矿安全监管方式下,大量的煤矿安全监管信息通过物联网能够实时地收集上来,并能及时传输到需要的部门。但由于基于物联网的煤矿安全监管处于刚刚起步阶段,如何对海量的安全监管信息进行管理,由哪些部门以什么样的频次对哪些数据进行深入分析,煤矿安全监管绩效如何得到客观评价,应该采用什么样的激励约束机制提升监管绩效等相关的管理问题都有待进行进一步的创新研究。可在国家层面成立相应的管理创新研究机构,或鼓励高校和研究所的研究团队在这些方面的进行深入的研究,进而保障基于物联网的煤矿安全监管体系得到有效应用。

本章小结

基于物联网的煤矿安全监管与传统的煤矿安全监管相比,监管内容、监管模式和监管流程等都发生了重大变化,为保障基于物联网的煤矿安全监管体系的有效运行,需要从体制机制、法律法规、监管制度、保障措施等方面,制定一套行之有效的配套保障。本章从理顺煤矿安全监管体制机制、完善煤矿安全监管法律法规体系、健全煤矿安全监管制度、出台相应的保障措施等方面提出了基于物联网的煤矿安全监管配套保障建议。

参 考 文 献

[1] 陈宝智.安全原理[M].北京:冶金工业出版社,1995.

[2] 陈宝智.危险源辨识控制及评价[M].成都:四川科学技术出版社,1996.

[3] 陈克贵,谭雪萍,张明慧,等.考虑过度自信行为的煤矿安全监管演化博弈分析[J].商学研究,2020,27(1):59-68.

[4] 陈克贵,王新宇,宋学锋,等.管理者过度自信行为下煤矿安全监管机制设计研究[J].运筹与管理,2017,26(11):182-189.

[5] 陈梓华.煤矿安全隐患智能采集与智慧决策系统[D].淮南:安徽理工大学,2019.

[6] 程琛.综放工作面人-机-环境系统相融性与安全高效开采研究[D].廊坊:华北科技学院,2015.

[7] 但根友,马妍彦.论提高政府煤矿安全监管体系有效性的两个基本点[J].煤矿安全,2010,41(1):119-122.

[8] 冯宇峰,李惠云,杜龙龙,等.我国煤矿安全生产70年经验成效、形势分析及展望[J].中国煤炭,2020,46(5):47-56.

[9] 韩静龙.煤矿安全行政执法依据与执法实务:评《煤矿安全行政执法原理与操作》[J].矿业研究与开发,2019,39(12):176.

[10] 郝贵,宋学锋.煤矿本质安全管理[M].徐州:中国矿业大学出版社,2008.

[11] 何宁,杨昆.煤矿安全生产管理体系智能化研究[J].中国矿业,2020,29(8):82-85.

[12] 贺超,宋学锋,李贤功.煤矿安全监管信息管理系统的研究及探讨[J].工矿自动化,2013,39(1):96-99.

[13] 贺耀宜,王海波.基于物联网的可融合性煤矿监控系统研究[J].工矿自动化,2019,45(8):13-18.

[14] 胡婷,葛家家,李贤功.煤矿物联网应用水平动态评估[J].煤矿机械,2015,

36(4):1-3.

[15] 胡婷.物联网模式下煤矿安全监管影响因素研究[D].徐州:中国矿业大学,2016.

[16] 华钢,宋志月,王永星,等.物联网环境下煤矿安全监控系统体系架构研究[J].工矿自动化,2013,39(3):6-9.

[17] 仅金龙.物联网在马钢的应用[J].安徽冶金,2009(4):31-34.

[18] 吉丽.分布式模块化本体推理[D].南京:东南大学,2018.

[19] 江田汉,孙庆云,郭再富,等.我国安全生产行政执法统计指标体系研究与应用[J].中国安全生产科学技术,2020,16(3):183-188.

[20] 景国勋,杨玉中.安全管理学[M].北京:中国劳动社会保障出版社,2012.

[21] 李剑峰,肖明清,唐希浪,等.基于OWL本体和SWRL规则的导弹智能故障诊断研究[J].计算机测量与控制,2018,26(7):93-98.

[22] 李贤功,葛家家.基于无失效数据煤矿机电设备的可靠性评估[J].矿山机械,2014,42(9):120-122.

[23] 李贤功,路娟,王浩佳.煤矿物联网应用水平评估[J].工矿自动化,2015,41(1):36-40.

[24] 李祥春,郭帆帆,聂百胜,等.煤矿安全监管监察研究现状及展望[J].煤矿安全,2020,51(6):246-250.

[25] 栗宇,仝灵霄,张强.基于本体和案例推理的汽轮发电机组故障诊断方法[J].机械设计与制造工程,2020,49(7):97-102.

[26] 梁海慧.中国煤矿企业安全管理问题研究[D].沈阳:辽宁大学,2006.

[27] 刘东刚.中国能源监管体制改革研究[D].北京:中国政法大学,2011.

[28] 刘建,邰彤,刘传安.煤矿安监执法信息管理平台设计研究[J].煤矿安全,2018,49(3):245-248.

[29] 刘剑波,马春光.云计算及其技术进步对于组织结构的影响[J].现代管理科学,2012(2):22-23.

[30] 刘鹏,景江波,魏卉子,等.基于时空约束的瓦斯事故知识库构建及预警推理[J].煤炭科学技术,2020,48(7):262-273.

[31] 刘穷志.煤矿安全事故博弈分析与政府管制政策选择[J].经济评论,2006(5):59-63.

[32] 刘全龙,李新春,关福远.煤矿安全国家监察演化博弈的系统动力学分析[J].科技管理研究,2015,35(5):175-179.

［33］刘全龙,李新春.中国煤矿安全监察监管演化博弈有效稳定性控制[J].北京理工大学学报(社会科学版),2015,17(4):49-56.

［34］刘全龙,李新春.中国煤矿安全监察体制改革的有效性研究[J].中国人口·资源与环境,2013,23(11):150-156.

［35］刘伟.基于物联网技术下的煤矿智能安全管理系统的研究[J].煤炭技术,2013,32(7):86-87.

［36］刘延岭.基于JAVA的煤矿井下人员定位系统设计[J].煤矿开采,2011,16(1):87-89.

［37］刘延岭.基于物联网的煤矿人员定位系统解决方案[J].煤矿机械,2011,32(5):222-223.

［38］刘志,郝克俊.基于Protégé的人工影响天气术语本体知识库设计与实现[J].中国科技术语,2019,21(6):17-23.

［39］芦慧,陈红,杜巍.组织管理制度遵从行为内涵、结构与测量研究:以中国国有大型煤矿企业为例[J].软科学,2015,29(2):101-105.

［40］罗婷婷,李娇,鲜国建,等.基于OWL+SKOS的期刊本体构建与应用[J].数字图书馆论坛,2018(12):49-54.

［41］吕超.内蒙古煤矿安全监察问题研究[D].呼和浩特:内蒙古大学,2019.

［42］马苗苗,陈春辉.基于Protégé的交通地理本体构建方法[J].北京测绘,2019,33(12):1566-1570.

［43］梅方权.智慧地球与感知中国:物联网的发展分析[J].农业网络信息,2009(12):5-7.

［44］彭玉敬,刘建,郜彤,等.基于GIS的煤矿企业风险预测预警系统设计[J].工矿自动化,2018,44(6):96-100.

［45］饶仲文.基于知识表示学习的领域本体辅助构建研究[D].哈尔滨:哈尔滨工业大学,2020.

［46］宋学锋,李新春,曹庆仁,等.煤矿重大瓦斯事故风险预控管理理论与方法[M].徐州:中国矿业大学出版社,2010.

［47］孙继平.煤矿物联网研究[C]//煤矿自动化与信息化:第21届全国煤矿自动化与信息化学术会议暨第3届中国煤矿信息化与自动化高层论坛论文集(上册),北京,2011:10-15.

［48］孙继平.煤矿物联网特点与关键技术研究[J].煤炭学报,2011,36(1):167-171.

[49] 孙彦景,左海维,钱建生,等.面向煤矿安全生产的物联网应用模式及关键技术[J].煤炭科学技术,2013,41(1):84-88.

[50] 汤道路.煤矿安全监管体制与监管模式研究[D].徐州:中国矿业大学,2014.

[51] 唐亮.我国物联网产业发展现状与产业链分析[D].北京:北京邮电大学,2010.

[52] 仝建成.云煤一矿安全监控多系统信息融合与联动的实践研究[D].徐州:中国矿业大学,2019.

[53] 万佳萍,傅源春,王永生.浅析如何加大煤矿安全监控系统的安全监察力度[J].煤矿安全,2011,42(1):158-160.

[54] 汪培庄,李洪兴.模糊系统理论与模糊计算机[M].北京:科学出版社,1996.

[55] 王金凯.物联网节点信息采集与可信度量方法研究[D].成都:电子科技大学,2020.

[56] 王珏,李昱,李贤功.基于关联规则的矿工不安全行为分析[J].煤矿安全,2020,51(11):290-294.

[57] 王军号,孟祥瑞.基于物联网感知的煤矿安全监测数据级融合研究[J].煤炭学报,2012,37(8):1401-1407.

[58] 王爽英.中小型煤矿生产安全水平评价方法研究及其应用[D].长沙:中南大学,2012.

[59] 王伟,李昱,李贤功.2010—2018年煤矿瓦斯事故时空耦合关联分析[J].煤矿安全,2020,51(5):177-182.

[60] 王显政.关于建立安全生产控制指标体系的意见[J].劳动保护,2004(3):68-69.

[61] 王小妮,魏桂英.物联网RFID系统数据传输中密码算法的研究[J].北京信息科技大学学报(自然科学版),2009,24(4):75-78.

[62] 王勇.兖州煤矿职工安全生产行为影响因素的研究[D].北京:中国地质大学(北京),2017.

[63] 魏霜.基于物联网的煤矿井下人员精确定位系统开发[J].煤矿机械,2014,35(5):235-238.

[64] 吴晓春.大数据技术在煤矿安全生产运营管理中的应用[J].煤矿安全,2018,49(12):239-241.

［65］吴延昌,王鸿铭.基于物联网的煤矿关键设备管控系统设计[J].煤矿机械,
2013,34(2):274-276.

［66］肖兴志,李红娟.煤矿安全规制的纵向和横向配置:国际比较与启示[J].财
经论丛,2006(4):1-8.

［67］肖兴志,齐鹰飞,李红娟.中国煤矿安全规制效果实证研究[J].中国工业经
济,2008(5):67-76.

［68］徐继华,冯启娜,陈贞汝.智慧政府:大数据治国时代的来临[M].北京:中
信出版社,2014.

［69］许宏志,张长立.网络治理视角下我国煤矿安全生产监管的新模式[J].南
通大学学报(社会科学版),2017,33(2):132-137.

［70］许满贵.煤矿动态综合安全评价模式及应用研究[D].西安:西安科技大
学,2005.

［71］闫绪娴,宗雅蕙.中国煤炭上市公司安全投入对经济效益的影响分析:基于
面板门限模型[J].宏观经济研究,2015(5):109-116.

［72］颜烨.新中国煤矿安全监管体制变迁[J].当代中国史研究,2009,16(2):
42-52.

［73］晏涛.煤矿安全生产基础建设平台研究与应用[D].廊坊:华北科技学
院,2015.

［74］杨建喜,周应新,戴森昊.基于语义本体的桥梁结构智能化本体模型[J].土
木工程与管理学报,2020,37(3):26-33.

［75］于同亚.煤矿井下机电设备的物联网监测系统开发[J].煤矿机械,2013,34
(12):251-254.

［76］曾丽君,张金锁,闫海强.基于 INTEMOR 的煤矿瓦斯事故智能预警系
统[J].煤矿安全,2009,40(11):53-56.

［77］曾宪禄.基于灰色关联分析的矿井通风系统优化评判[J].矿业工程,2005
(5):54-56.

［78］翟文睿,李贤功,王佳奇,等.采煤机性能退化评估方法及应用研究[J].工
矿自动化,2020,46(12):57-63.

［79］张冬阳.信息化助力风险分级管控与隐患排查治理工作[J].中国安全生产
科学技术,2016,12(S1):296-299.

［80］张甫仁,景国勋,顾志凡.矿井通风系统安全可靠性的灰色多层次综合评判
[J].煤炭技术,2001(6):41-45.

[81] 张经阳.煤矿建设项目安全生产要素集成管理研究[D].昆明:昆明理工大学,2012.

[82] 张明慧.煤矿安全管理体系建设与实施[M].徐州:中国矿业大学出版社,2014.

[83] 张鹏,陈运启,靳妮倩君.煤矿安全生产综合监察监管平台设计与实现[J].矿业安全与环保,2019,46(6):53-56.

[84] 张骐,潘涛,王昊.基于物联网的煤矿安全管理平台研究[J].工矿自动化,2015,41(10):49-52.

[85] 张文杰,黄体伟.我国煤矿安全法规体系的现状及展望[J].煤矿安全,2020,51(10):10-17.

[86] 张雪平,杨兴全.基于物联网的煤矿安全监测系统研究[J].电子测试,2014(22):40-42.

[87] 张也弛.中国煤矿企业安全生产的政府监管研究[D].长春:吉林财经大学,2014.

[88] 赵文涛,董君.物联网技术在煤矿中的应用[J].微计算机信息2011,27(2):121-122.

[89] 赵志刚.物联网技术在煤矿安全监察中的应用[J].煤矿安全,2014,45(7):102-105.

[90] 郑学召,童鑫,郭军,等.煤矿智能监测与预警技术研究现状与发展趋势[J].工矿自动化,2020,46(6):35-40.

[91] 钟开斌.遵从与变通:煤矿安全监管中的地方行为分析[J].公共管理学报,2006,3(2):70-75.

[92] 钟茂华,魏玉东,范维澄,等.事故致因理论综述[J].火灾科学,1999(3):36-42.

[93] 周烨恒,石嘉晗,徐睿峰.结合预训练模型和语言知识库的文本匹配方法[J].中文信息学报,2020,34(2):63-72.

[94] BABITSKI G,BERGWEILER S,HOFFMANN J,et al. Ontology-based integration of sensor web services in disaster management[J]. Lecture notes in computers science,2009,5892(1):103-121.

[95] BORST,NICO W. Construction of engineering ontologies for knowledge sharing and reuse[D]. Enschede:University of Twente,1997.

[96] BRATMAN M E,ISRAEL D J,POLLACK M E. Plans and resource-

bounded practical reasoning[J]. Computational intelligence,1988,4(3):
349-355.

[97] BROOKS R A. Intelligence without representation[J]. Artificial intelligence,1991,47(1/2/3):139-159.

[98] BROOKS R. A robust layered control system for a mobile robot[J]. IEEE journal on robotics and automation,1986,2(1):14-23.

[99] DAMOUSIS I G,TZOVARAS D,STRINTZIS M G. A fuzzy expert system for the early warning of accidents due to driver hypo-vigilance[J]. Personal and ubiquitous computing,2009,13(1):43-49.

[100] DE NICOLA A,MISSIKOFF M,NAVIGLI R. A software engineering approach to ontology building[J]. Information systems,2009,34(2):
258-275.

[101] DOKAS I M,IRELAND C. Ontology to support knowledge representation and risk analysis for the development of early warning system in solid waste management operations[C]//International Symposium on Environmental Software Systems(ISESS 2007). Prague,2007.

[102] DUNIN-KĘPLICZ B,VERBRUGGE R. Teamwork in multi-agent systems[M]. Chichester,UK:John Wiley & Sons,Ltd. ,2010.

[103] DURFEE E H,LESSER V R. Negotiating task decomposition and allocation using partial global planning[M]//Distributed Artificial Intelligence. Amsterdam:Elsevier,1989:229-243.

[104] EIGNER R,LUTZ G. Collision Avoidance in VANETs:An Application for Ontological Context Models[C]// 2008 Sixth Annual IEEE International Conference on Pervasive Computing and Communications (PerCom). Hong Kong,China,2008.

[105] EMMENEGGER S,HINKELMANN K,LAURENZI E,et al. Towards a procedure for assessing supply chain risks using semantic technologies [J]. Knowledge discovery,knowledge engineering and knowledge management,2013:,415: 393-409.

[106] FERGUSON I A. Touring machines:autonomous agents with attitudes [J]. Computer,1992,25(5):51-55.

[107] GÓMEZ-PÉREZ A,FERNANDEZ-LOPEZ M,CORCHO O,et al. Onto-

logical engineering: with examples from the areas of knowledge management, e-commerce and the semantic web[M]. New York: Springer, 2004.

[108] GRUBER T R. A translation approach to portable ontology specifications[J]. Knowledge acquisition, 1993, 5(2): 199-220.

[109] GUBBI J, BUYYA R, MARUSIC S, et al. Internet of Things (IoT): a vision, architectural elements, and future directions[J]. Future generation computer systems, 2013, 29(7): 1645-1660.

[110] JENNINGS N R. Using grate to build cooperating agents for industrial control[J]. IFAC proceedings volumes, 1992, 25(10): 397-402.

[111] JENNINGS N R. The ARCHON System and its Applications[C]//2nd International Working Conference on Cooperating Knowledge Based Systems(CKBS 94), Keele: England, 1994.

[112] KATI C D, WEKERLE A L, GÄRTNER F, et al. Ontology-based prediction of surgical events in laparoscopic surgery[C]//SPIE Medical Imaging. Proc SPIE 8671, Medical Imaging 2013: Image-Guided Procedures, Robotic Interventions, and Modeling, Lake Buena Vista (Orlando Area), Florida, USA. 2013, 8671: 86711A.

[113] LESSER V R . Multiagent systems[J]. ACM computing surveys, 1995, 27(3): 340-342.

[114] LI J P, HSU C W, HUANG C L, et al. Using ontology and RFID technology to develop an agent-based system for campus-safety management [J]. Wireless personal communications, 2014, 79(2): 1483-1510.

[115] LI X G, LI Y, ZHANG Y Z, et al. Fault diagnosis of belt conveyor based on support vector machine and grey wolf optimization[J]. Mathematical problems in engineering, 2020(1): 1-10.

[116] LI Y, KRAMER M R, BEULENS A J M, et al. Applying knowledge engineering and ontology engineering to construct a knowledge base for early warning and proactive control[C]//12th World Multi-Confernece on Systemics, Cybernetics and Informatics (WMSCI 2008), Joint with the 14th International Conference on Information Systems Analysis and Synthesis(ISAS), Orlando, Florida, 2008.

[117] LIU HUI, SUN SHIMEI, ZHANG ZHICHAO. Study and Application

on Safety Comprehensive Assessment of Man-Machine-Environment System for Highway Tunnel Construction[C]//The 2008 International symposium on Safety Science and Technology, Beijing, China, 2008.

[118] NECHES R, FIKES R, FININ T, et al. Enabling technology for knowledge sharing[J]. AI magazine, 1991, 12(3): 36-56.

[119] RAMAR K, MIRNALINEE T T. An ontological representation for Tsunami early warning system[C]//2012 International Conference on Advances in Engineering, Science and Management. v. 1, India: Nagapattinam, Tamil Nadu, 2012.

[120] ŞALAP S, KARSLIOĞLU M O, DEMIREL N. Development of a GIS-based monitoring and management system for underground coal mining safety[J]. International journal of coal geology, 2009, 80(2): 105-112.

[121] STUDER R, BENJAMINS V R, FENSEL D. Knowledge engineering: Principles and methods[J]. Data & knowledge engineering, 1998, 25(1/2): 161-197.

[122] SUN E J, ZHANG X K, LI Z X. The Internet of Things (IOT) and cloud computing (CC) based tailings dam monitoring and pre-alarm system in mines[J]. Safety science, 2012, 50(4): 811-815.

[123] TRIFAN M, IONESCU B, IONESCU D, et al. An ontology based approach to intelligent data mining for environmental virtual warehouses of sensor data[C]//2008 IEEE Conference on Virtual Environments, Human-Computer Interfaces and Measurement Systems. Istanbul, Turkey. IEEE, 2008.

[124] WOOLDRIDGE M, JENNINGS N R. Intelligent agents: theory and practice[J]. The knowledge engineering review, 1995, 10(2): 115-152.

[125] XUE S S, LI X G, WANG X F. Fault diagnosis of multi-state gas monitoring network based on fuzzy Bayesian net[J]. Personal and ubiquitous computing, 2019, 23(3/4): 573-581.

[126] YANG B A, LI L X, JI H, et al. An early warning system for loan risk assessment using artificial neural networks[J]. Knowledge-based systems, 2001, 14(5/6): 303-306.